Teubner Skripten zur
Mathematischen Stochastik

Dietmar Pfeifer
Einführung in die
Extremwertstatistik

Teubner Skripten zur Mathematischen Stochastik

Herausgegeben von
Prof. Dr. rer. nat. Jürgen Lehn, Technische Hochschule Darmstadt
Prof. Dr. rer. nat. Norbert Schmitz, Universität Münster
Prof. Dr. phil. nat. Wolfgang Weil, Universität Karlsruhe

Die Texte dieser Reihe wenden sich an fortgeschrittene Studenten, junge Wissenschaftler und Dozenten der Mathematischen Stochastik. Sie dienen einerseits der Orientierung über neue Teilgebiete und ermöglichen die rasche Einarbeitung in neuartige Methoden und Denkweisen; insbesondere werden Überblicke über Gebiete gegeben, für die umfassende Lehrbücher noch ausstehen. Andererseits werden auch klassische Themen unter speziellen Gesichtspunkten behandelt. Ihr Charakter als Skripten, die nicht auf Vollständigkeit bedacht sein müssen, erlaubt es, bei der Stoffauswahl und Darstellung die Lebendigkeit und Originalität von Vorlesungen und Seminaren beizubehalten und so weitergehende Studien anzuregen und zu erleichtern.

Einführung in die Extremwertstatistik

von Prof. Dr. rer. nat. Dietmar Pfeifer
Universität Oldenburg

 Springer Fachmedien Wiesbaden GmbH 1989

Prof. Dr. rer. nat. Dietmar Pfeifer

Geboren 1953 in Wuppertal-Elberfeld. Studium der Mathematik an der RWTH Aachen (1971 bis 1977), Promotion 1980, Habilitation 1984 an der RWTH Aachen. 1985 Gastprofessur an der University of North Carolina, Chapel Hill, USA. 1986/87 Heisenberg-Stipendiat der DFG, seitdem Professor für Mathematik an der Universität Oldenburg.

CIP-Titelaufnahme der Deutschen Bibliothek·

Pfeifer, Dietmar:
Einführung in die Extremwertstatistik / von Dietmar Pfeifer.

(Teubner-Skripten zur mathematischen Stochastik)
ISBN 978-3-519-02727-0   ISBN 978-3-663-09861-4 (eBook)
DOI 10.1007/978-3-663-09861-4

Herstellung: Druckhaus Beltz, Hemsbach/Bergstraße
Umschlaggestaltung: M. Koch, Reutlingen

Für
Anke, Detje und Eike

Vorwort

Der vorliegende Text entstand aus einer Reihe von Vorlesungen über verschiedene Aspekte der Extremwertstatistik, die ich seit 1984 an der RWTH Aachen sowie der Universität Oldenburg gehalten habe. Er ist als Einstieg in einen Teilbereich der Stochastik konzipiert, der gerade in den letzten Jahren einer außergewöhnlich starken Entwicklung unterworfen war, was nicht nur an der rasch wachsenden Zahl von Originalarbeiten, sondern auch an der Publikation einiger neuerer Lehrbücher - vor allem aus dem englischsprachigen Raum - besonders deutlich wird. Hieraus erwuchs das Bedürfnis, einerseits einen Begleittext zu Vorlesungen gleichen Inhalts zur Verfügung zu haben, der den Stoff in gelockerter Form aufbereitet, andererseits aber auch soviel vertiefendes Material bietet, daß der Leser rasch an die Fragestellungen und das Niveau der aktuellen Forschung herangeführt wird, so daß der Text ebenfalls als Begleitlektüre zu Seminaren über Themen aus der Extremwertstatistik geeignet ist. Neben der Behandlung der mathematischen Theorie schien es mir darüberhinaus wichtig, den praktischen Bezug der hier behandelten Fragestellungen anhand einiger ausgewählter Beispiele sowie eines kurzen Computerprogrammes deutlich herauszustellen, wodurch Teile des Textes z.B. auch als erste Orientierung im Ingenieurbereich dienen können.

Am Ende jedes größeren Abschnitts habe ich "Anmerkungen zum Text" sowie "Anmerkungen zur Literatur" eingefügt, worin einerseits auf die dem jeweiligen Text zugrundeliegenden Quellen, andererseits aber auch auf weiterführendes Material verwiesen wird.

Die zum Verständnis benötigten mathematischen Vorkenntnisse sind für verschiedene Teile des Textes unterschiedlich. Während für die einführenden Abschnitte §0 bis §3 bereits Grundkenntnisse aus einer Einführungsvorlesung zur Stochastik ausreichen, sind für die übrigen Abschnitte §4 bis §6 (zumindest einige) Kenntnisse aus dem Bereich Maß- und Integrationstheorie (wie sie üblicherweise in weiterführenden Vorlesungen zur Stochastik vermittelt werden) unabdingbare Voraussetzung. Ein Teil des benötigten Materials, welches typischerweise nicht kanonisch in solchen weiterführenden Vorlesungen behandelt wird, ist in einem Anhang (z.T. mit Beweisen) zusammengefaßt.

Das (von mir vielfach geänderte) Manuskript wurde mit großer Sorgfalt von Frau Ursula Claus, Frau Birgit Dannemann-Punke sowie Frau Isolde Matziwitzki geschrieben. Eine besonders gründliche Durchsicht des Textes mit zahlreichen Hinweisen und Verbesserungsvorschlägen verdanke ich meinen Kollegen Prof. Dr. Ursula Gather, Dortmund und Dr. Hans-Jürgen Witte, Oldenburg. Danken möchte ich auch Herrn Prof. Dr. Ortwin Emrich, Oldenburg und Herrn Prof. Dr. Burkhard Rauhut, Aachen für viele nützliche Anmerkungen zum Text. Die Daten zu Beispiel 0.4 wurden mir freundlicherweise von Herrn Ing.-grad. Jens Krull, Wolfsburg überlassen. Bei der computerunterstützten Auswertung der Daten sowie der Anfertigung der Skizzen zu Beispiel 0.4 war

mir Herr Ass.d.L. Volker Hillmann, Oldenburg eine unersetzliche Hilfe. Danken möchte ich schließlich noch Prof. Dr. Stamatis Cambanis vom Center for Stochastic Processes, University of North Carolina, Chapel Hill, sowie der Deutschen Forschungsgemeinschaft für die Ermöglichung eigener Forschungsvorhaben im Bereich der Extremwertstatistik. Zahlreiche Anregungen erhielt ich darüber hinaus auch durch eine mehrjährige intensive Zusammenarbeit mit Prof. Dr. Paul Deheuvels, Paris.
Den Herausgebern der Reihe "Skripten zur Mathematischen Stochastik", insbesondere Herrn Prof. Dr. Norbert Schmitz, sowie Herrn Dr. Peter Spuhler vom Teubner-Verlag danke ich für ihr Interesse an dem Gebiet sowie die Aufnahme des Textes in diese Reihe.

Oldenburg, März 1989   Dietmar Pfeifer

Inhalt

§ 0 Einleitung

Gegenstand des Textes ist die mathematische Analyse extremer Beobachtungen
stochastisch unabhängiger Zufallsvariablen (Maxima oder Minima), die in der
Praxis auftreten können etwa bei außergewöhnlichen Wetterbedingungen (Hoch-
wasserstände, extreme Temperaturen, Schwefeldioxid-Belastung der Luft bei
Smog usw.), in der Zuverlässigkeitsanalyse komplexer Systeme (z.B. Sicherheits-
berechnungen von Kraftwerken), oder bei Untersuchungen von Materialbestän-
digkeiten (z.B. Zugfestigkeit von Blechen in der Automobil-Industrie). Im Gegensatz zum asymptotischen Verhalten von Durchschnittswerten (Summen) unabhängiger Beobachtungen, bei dem bekanntlich die Normalverteilung eine zentrale Rolle spielt, sind im vorliegenden Fall die sogenannten Extremwertverteilungen von Interesse, etwa als Grenzverteilungen geeignet normierter Extrema.
Die asymptotische Theorie wird deshalb in den Abschnitten 1 bis 3 ausführlich
behandelt. Darüberhinaus ergeben sich aufgrund der strukturellen Besonderheiten solcher Extrema weitere Fragestellungen, etwa wann sich im Verlauf der
Beobachtungsfolge Extrema ändern, wie häufig neue Extrema in einer Beobachtungsfolge auftreten usw. Diese Aspekte werden detaillierter in den Abschnitten
4 und 5 betrachtet, wobei das Gewicht insbesondere auf der zugrundeliegenden
Markoff- und Punktprozeß-Struktur liegt, deren theoretische Grundlagen in
einem Anhang gesondert behandelt werden. Auf einige Verallgemeinerungen für
Ordnungsstatistiken wird schließlich in Abschnitt 6 eingegangen.

Wir betrachten im folgenden eine unabhängige Folge $\{X_n\}$ identisch verteilter
Zufallsvariablen, definiert auf einem geeigneten Wahrscheinlichkeitsraum
$(\Omega, \mathcal{A}, P)$ (der jedoch für die folgenden Überlegungen keine wesentliche Rolle
spielt). Die zu den Verteilungen P^{X_n} gehörige Verteilungsfunktion werde mit
F bezeichnet:

$$(0.1) \qquad F(x) = P(X_n \le x), \quad x \in \mathbb{R}.$$

In der einfachsten Form besagt dann der zentrale Grenzwertsatz:

__Satz 0.1.__ Sind die Zufallsvariablen X_n quadratisch integrierbar, d.h. existieren
die Varianzen $\sigma^2 = \mathrm{Var}(X_n)$, so auch die Erwartungswerte $\mu = E(X_n)$, und es
gilt

$$(0.2) \quad \lim_{n \to \infty} P\left(\frac{1}{\sqrt{n}\,\sigma} \sum_{k=1}^{n} (X_k - \mu) \le x\right) = \Phi(x) = \int_{-\infty}^{x} \frac{1}{\sqrt{2\pi}} e^{-u^2/2}\, du, \quad x \in \mathbb{R}$$

d.h. die arithmetischen Mittel $S_n = \frac{1}{n} \sum_{k=1}^{n} X_k$ konvergieren schwach bei geeigneter Normierung:

$$(0.3) \quad P(\alpha_n(S_n - \beta_n) \le x) = P\left(S_n \le \frac{x}{\alpha_n} + \beta_n\right) \to \Phi(x) \quad (n \to \infty)$$
$$\text{mit } \alpha_n = \frac{\sqrt{n}}{\sigma}, \ \beta_n = \mu \quad (n \in \mathbb{N}).$$

(Beweise dieses Satzes findet man in fast allen einschlägigen Lehrbüchern über Wahrscheinlichkeitstheorie, z.B. Bauer (1974) oder Gänssler/Stute (1977).)

Wir wollen jetzt entsprechende Eigenschaften für

$$(0.4) \quad M_n = \max(X_1,\dots,X_n), \ m_n = \min(X_1,\dots,X_n) \quad (n \in \mathbb{N})$$

untersuchen, d.h. das Problem studieren, ob geeignete (nicht-entartete) Verteilungsfunktionen G bzw. H existieren sowie Konstantenfolgen $\{A_n\}$, $\{B_n\}$ bzw. $\{a_n\}$, $\{b_n\}$ mit A_n, $a_n > 0$ $(n \in \mathbb{N})$, so daß

$$(0.5) \quad P(A_n(M_n - B_n) \le x) \to G(x) \quad (n \to \infty)$$

$$(0.6) \quad P(a_n(m_n - b_n) \le x) \to H(x) \quad (n \to \infty)$$

für alle Stetigkeitspunkte x von G bzw. H (schwache Konvergenz). Hierzu benötigen wir zunächst die Verteilungen von M_n bzw. m_n $(n \in \mathbb{N})$.

Lemma 0.1. Es gilt

$$(0.7) \quad P(M_n \le x) = F^n(x), \ P(m_n \le x) = 1 - (1 - F(x))^n, \quad x \in \mathbb{R}, \ n \in \mathbb{N}.$$

Beweis: Mit der Unabhängigkeitsvoraussetzung folgt

$$P(M_n \le x) = P(\max(X_1,\dots,X_n) \le x) = P\left(\bigcap_{k=1}^{n} \{X_k \le x\}\right)$$

$$= \prod_{k=1}^{n} P(X_k \le x) = F^n(x),$$

$$P(m_n \leq x) = 1 - P(m_n > x) = 1 - P(\bigcap_{k=1}^{n} \{X_k > x\})$$

$$= 1 - \prod_{k=1}^{n} P(X_k > x) = 1 - (1 - F(x))^n, \quad x \in \mathbb{R}, \; n \in \mathbb{N}.$$

Die Beziehungen (0.5) und (0.6) sind damit äquivalent zu

$$(0.8) \quad F^n(\frac{x}{A_n} + B_n) \to G(x) \quad (n \to \infty)$$

$$(0.9) \quad (1 - F(\frac{x}{a_n} + b_n))^n \to 1 - H(x) \quad (n \to \infty)$$

für alle Stetigkeitspunkte x von G bzw. H.

Wir wollen den hier angesprochenen Problemkreis nun zunächst in einigen konkreten Situationen untersuchen.

Beispiel 0.1. (Radioaktiver Zerfall)
Wir betrachten eine radioaktive Strahlungsquelle aus n gleichartigen Atomen (Isotopen) mit einer Halbwertszeit h (gemessen in Jahren). Da der Zerfall einzelner Atome "spontan" geschieht, ist es sinnvoll, für die Lebensdauern der einzelnen Atome eine Exponentialverteilung $\mathcal{E}(\lambda)$ $(\lambda > 0)$ mit Erwartungswert $\frac{1}{\lambda}$ anzunehmen, da dann gilt

$$(0.10) \quad P(X_k > x + t \mid X_k > x) = P(X_k > t) = e^{-\lambda t}, \quad x,t \geq 0 \; (1 \leq k \leq n),$$

d.h. die Exponentialverteilung ist "gedächtnislos".

Um den Zusammenhang zwischen h und λ herzustellen, betrachten wir zunächst die empirische Verteilungsfunktion

$$(0.11) \quad F_n(x) = \frac{1}{n} \sum_{k=1}^{n} I(X_k \leq x), \quad x \in \mathbb{R}, \; n \in \mathbb{N},$$

wobei I(A) die Indikatorfunktion eines Ereignisses A bezeichne (d.h. I(A) = 1 oder 0, je nachdem, ob A eintritt oder nicht). Nach dem Gesetz der großen Zahlen konvergiert (die Zufallsvariablenfolge!) $F_n(x)$ dann mit Wahrscheinlichkeit 1 gegen die wahre Verteilungsfunktion F(x) (Satz von Glivenko).

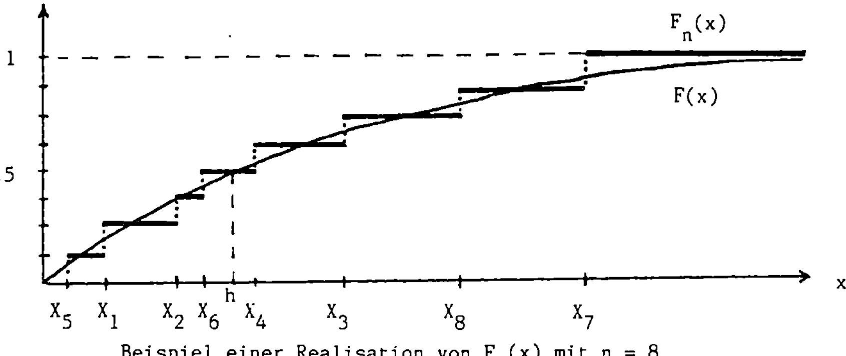

Beispiel einer Realisation von $F_n(x)$ mit $n = 8$

Ist nun x eine Zahl mit $F(x) = \frac{1}{2}$, also hier: $x = \frac{\log 2}{\lambda}$, so liegen - bei großem n - etwa 50 % aller Beobachtungen unterhalb von x, und etwa 50 % darüber, so daß

$$(0.12) \quad h = \frac{\log 2}{\lambda} \, , \, \text{bzw.} \, \lambda = \frac{\log 2}{h}.$$

Wir wollen uns jetzt mit der Frage beschäftigen, wann das Ausgangsmaterial vollständig zerfallen ist, d.h. mit der Verteilung von M_n.

Hierzu berechnen wir zunächst $E(M_n)$ und $Var(M_n)$.

__Lemma 0.2.__ Ist F die Verteilungsfunktion von $\mathcal{E}(\lambda)$, $\lambda > 0$, so gilt

$$(0.13) \quad g_n(z) := \int_0^z (1 - F^n(x))dx = \frac{1}{\lambda} \sum_{k=1}^{n} \frac{1}{k} (1 - e^{-\lambda z})^k, \, z \geq 0, \, n \in \mathbb{N}.$$

__Beweis:__ Mit der Substitutionsregel ergibt sich

$$g_n(z) = \sum_{k=1}^{n} \int_0^z F^{k-1}(x)(1 - F(x))dx = \sum_{k=1}^{n} \frac{1}{\lambda} \int_0^z \underbrace{(1 - e^{-\lambda x})^{k-1}}_{u(x)} \underbrace{\lambda \, e^{-\lambda x}}_{u'(x)} dx$$

$$= \sum_{k=1}^{n} \frac{1}{\lambda} \frac{u^k(x)}{k} \Big|_0^z = \frac{1}{\lambda} \sum_{k=1}^{n} \frac{1}{k} (1 - e^{-\lambda z})^k.$$

Lemma 0.3. Es ist (bei Exponentialverteilung)

$$(0.14) \quad E(M_n) = \frac{1}{\lambda} \sum_{k=1}^{n} \frac{1}{k} \approx \frac{1}{\lambda} \log n = h \frac{\log n}{\log 2} = h \operatorname{lb} n \quad (n \in \mathbb{N})$$

$$(0.15) \quad \operatorname{Var}(M_n) = \frac{1}{\lambda^2} \sum_{k=1}^{n} \frac{1}{k^2} \approx \frac{\pi^2}{6\lambda^2} = \frac{\pi^2 h^2}{6\log^2 2} = 3{,}4237 \, h^2 \quad (n \to \infty)$$

Beweis: Es ist mit partieller Integration

$$E(M_n) = \int_0^\infty x \frac{d}{dx} F^n(x)\,dx = -\int_0^\infty x \frac{d}{dx} (1 - F^n(x))\,dx$$

$$= -x(1 - F^n(x))\Big|_0^\infty + \int_0^\infty (1 - F^n(x))\,dx = g_n(\infty) = \frac{1}{\lambda} \sum_{k=1}^{n} \frac{1}{k}$$

$$E(M_n^2) = -\int_0^\infty x^2 \frac{d}{dx} (1 - F^n(x))\,dx = -x^2(1 - F^n(x))\Big|_0^\infty + 2\int_0^\infty x(1 - F^n(x))\,dx$$

$$= -2\int_0^\infty x(g_n(\infty) - g_n(x))'\,dx = -2x(g_n(\infty) - g_n(x))\Big|_0^\infty + \dots$$

$$\dots + 2\int_0^\infty \frac{1}{\lambda} \sum_{k=1}^{n} \frac{1}{k} [1 - (1 - e^{-\lambda x})^k]\,dx$$

$$= \frac{2}{\lambda} \sum_{k=1}^{n} \frac{1}{k} \int_0^\infty (1 - F^k(x))\,dx = \frac{2}{\lambda} \sum_{k=1}^{n} \frac{1}{k} g_k(\infty)$$

$$= \frac{2}{\lambda^2} \sum_{k=1}^{n} \frac{1}{k} \sum_{j=1}^{k} \frac{1}{j} = \frac{2}{\lambda^2} \sum_{1 \le j < k} \frac{1}{kj} + \frac{2}{\lambda^2} \sum_{k=1}^{n} \frac{1}{k^2}$$

$$= \left(\frac{1}{\lambda} \sum_{k=1}^{n} \frac{1}{k}\right)^2 + \frac{1}{\lambda^2} \sum_{k=1}^{n} \frac{1}{k^2} \, ,$$

so daß

$$\operatorname{Var}(M_n) = E(M_n^2) - \{E(M_n)\}^2 = \frac{1}{\lambda^2} \sum_{k=1}^{n} \frac{1}{k^2} \, .$$

Da sich wegen (0.15) die Varianz des letzten Zerfallzeitpunkts M_n stabilisiert, untersuchen wir nun die Verteilung von $\lambda(M_n - E(M_n)) \sim \lambda M_n - \log n$:

$$(0.16) \quad P(\lambda M_n - \log n \le x) = F^n\left(\frac{x}{\lambda} + \frac{1}{\lambda} \log n\right)$$

$$= (1 - \exp(-x - \log n))^n = \left(1 - \frac{e^{-x}}{n}\right)^n \to e^{-e^{-x}} \quad (n \to \infty)$$

In der Tat erkennt man, daß $G(x) = e^{-e^{-x}}$ $(x \in \mathbb{R})$ eine Verteilungsfunktion darstellt; die zugehörige Verteilung heißt *doppelt - exponentielle Verteilung*. Im vorliegenden Fall ist also Beziehung (0.5) erfüllt mit

$$A_n = \lambda, \quad B_n = h \text{ lb } n \quad (n \in \mathbb{N}).$$

Für die Momente einer Zufallsvariablen X mit Verteilungsfunktion G gilt:

$$(0.17) \quad E(X) = \lim_{n \to \infty} \sum_{k=1}^{n} \tfrac{1}{k} - \log n = C = 0{,}577216 \ldots \qquad \text{(Euler-Konstante)}$$

$$(0.18) \quad Var(X) = \sum_{k=1}^{\infty} \tfrac{1}{k^2} = \tfrac{\pi^2}{6} .$$

da hier $E(X) = \lim\limits_{n \to \infty} E(\lambda M_n - \log n)$, $Var(X) = \lim\limits_{n \to \infty} Var(\lambda M_n - \log n) = \lim\limits_{n \to \infty} \lambda^2 Var(M_n)$

wie man sich analog zum Beweis von Lemma 0.3 überlegen kann (vgl. auch § 3).

Für konkrete Fälle ist die durch (0.16) gegebene Approximation hinreichend genau, da etwa 1 Mol eines Stoffes stets ca. $n = 6 \cdot 10^{23}$ Atome enthält (Avogadro-Konstante). Für eine solche Ausgangsmenge ist dann

$$(0.19) \quad E(M_n) \approx 80 \text{ h}, \ \sqrt{Var(M_n)} \approx 1{,}8503 \text{ h} =: \sigma_h .$$

d.h. 1 Mol Ausgangsmaterial ist im Mittel nach etwa 80 Halbwertszeiten vollständig zerfallen, wobei

$$(0.20) \quad P(80 \text{ h} - k \sigma_h \leq M_n \leq 80 \text{ h} + k \sigma_h) \approx G^*(k) - G^*(-k) \quad (k \in \mathbb{N})$$

mit $G^*(x) = G(\tfrac{\pi}{\sqrt{6}} x + C)$, $x \in \mathbb{R}$.

k	1	2	3
$G^*(k) - G^*(-k)$	0,7238	0,9571	0,9881

Bemerkung: 1 Mol eines radioaktiven Isotops hat eine Strahlungsintensität von ca. $1{,}32 \cdot 10^{16}$/h Bq (Becquerel). Für das bei dem Reaktorunfall von Tschernobyl u.a. freigesetzte Cäsium Cs^{137} bedeutet dies, bezogen auf 137 g Material (Halbwertszeit h = 37 Jahre):

$E(M_n) \approx 2960$ (Jahre), $\sigma_h \approx 68$ (Jahre),

anfängliche Strahlungsintensität $\approx 356.757.000.000.000$ Bq!

Beispiel 0.2. (Elektronisches Bauteil aus mehreren Komponenten)

Zum Bau eines Hochpaßfilters (z.B. in Frequenzweichen für Lautsprecher) werden in der Regel Kondensatoren eingesetzt. Für den Widerstand R in Abhängigkeit von der Kreisfrequenz $\omega = 2\pi f$ (f: Frequenz in Hz) gilt dann, wenn W den Ohm'schen Widerstand des Leiters bezeichnet:

$$(0.21) \quad R = \sqrt{W^2 + \frac{1}{\omega^2 C^2}}$$

Hierbei bezeichnet C die Kapazität des verwendeten Kondensators. Für den hieraus resultierenden Spannungsabfall $S(\omega)$ ergibt sich

$$(0.22) \quad S(\omega) = -20 \lg \frac{R}{W} = -10 \lg\left(1 + \frac{1}{\omega^2 W^2 C^2}\right) \quad \text{(in dB)},$$

oder, bezogen auf eine Oktave

$$(0.23) \quad S(2\omega) - S(\omega) = -10 \lg\left(\frac{1}{4} \cdot \frac{1 + 4\omega^2 W^2 C^2}{1 + \omega^2 W^2 C^2}\right) \approx 20 \lg 2 = 6 \quad \text{(dB/Okt.)}$$

für kleine ω, wohingegen $S(\omega) \approx 0$ für große ω:

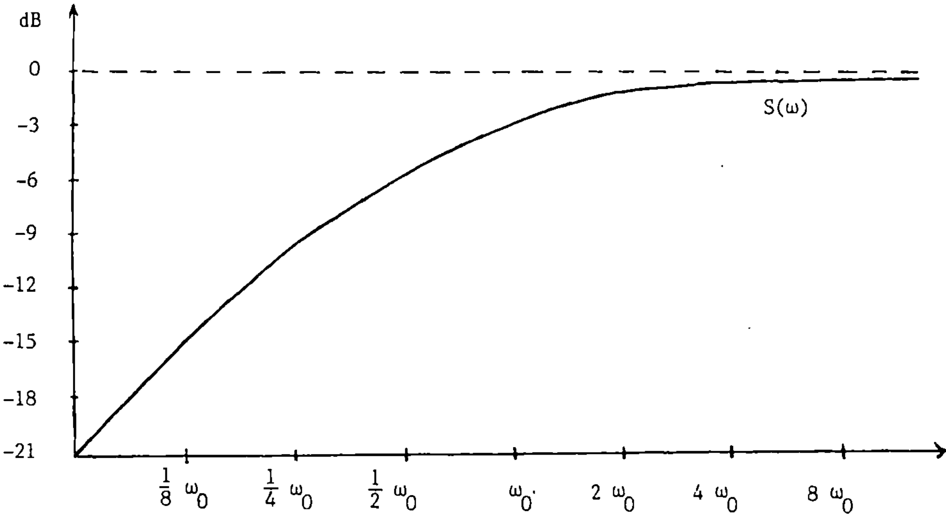

Diejenige Frequenz ω_o, bei der $S(\omega_o) = -3(dB)$, heißt Übernahmefrequenz. Sie ergibt sich aus der Gleichung

$$(0.24) \quad \omega_o = \frac{1}{WC} \; \cdot$$

Umgekehrt muß ein Kondensator der Kapazität

$$(0.25) \quad C = \frac{1}{\omega_o W} = \frac{1}{2 \pi f W}$$

verwendet werden, um eine Übernahmefrequenz von ω_o zu erzielen. Ist beispielsweise f = 100 (Hz), W = 8 (Ohm), so ergibt sich C = 200 (μF). Da eine solche Kapazität im akustischen Bereich (Lautsprecher) in hochwertiger Qualität in der Regel nicht angeboten wird, behilft man sich mit der Parallelschaltung mehrerer Kondensatoren mit der Gesamtkapazität C:

Im betrachteten Fall wählt man etwa

C = 5 (μF), n = 40 oder

C = 10 (μF), n = 20 oder

C = 40 (μF), n = 5.

40 μF

Hierdurch vermindert sich zwar als Nebeneffekt die (herstellungsbedingte) Istabweichung von C, dafür erhöht sich mit wachsendem n aber die Störanfälligkeit (sinkende Durchschlagsfestigkeit bei hohen Spannungen). Nimmt man an, daß die Durchschlagspannungen für die Kondensatoren (gleicher Kapazität) Zufallsvariable $X_1,...,X_n$ sind, so wird die Durchschlagspannung für das gesamte Bauteil gegeben durch $m_n = \min(X_1,...,X_n)$, da die Beschädigung bereits eines Kondensators zum Defekt des Bauteils führt. Wir wollen für den betrachteten Fall nun annehmen, daß die Verteilung der X_k eine Dichte f der folgenden Form besitzt:

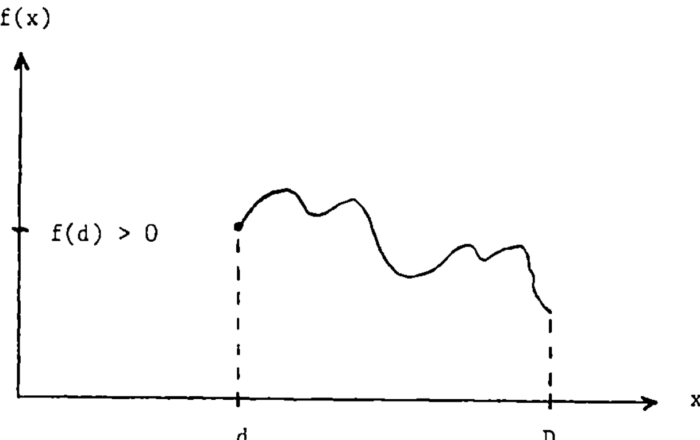

Hierbei kann d als durch innerbetriebliche Qualitätskontrolle gesicherte Mindest-Durchschlagsfestigkeit angesehen werden, und D als durch z.B. physikalische Gegebenheiten maximal erreichbare Durchschlagsfestigkeit. Zur Beantwortung der Frage, ob m_n eine Grenzverteilung im Sinne von (0.6) bzw. (0.9) besitzt, betrachten wir eine Taylor-Approximation von F um d:

$$(0.26) \quad F(d + h) = h \, f(d) + o(h) \quad (h \downarrow 0).$$

Ein Ansatz mit $b_n = d$ führt zu

$$(0.27) \quad P(a_n(m_n - d) \leq x) = P(m_n \leq d + \tfrac{x}{a_n})$$

$$= 1 - (1 - F(d + \tfrac{x}{a_n}))^n = 1 - (1 - \tfrac{x}{a_n} f(d) + o(\tfrac{1}{a_n}))^n,$$

so daß etwa für $a_n = n \, f(d)$:

$$(0.28) \quad P(a_n(m_n - d) \leq x) = 1 - (1 - \tfrac{x}{n} + o(\tfrac{1}{n}))^n \to 1 - e^{-x}, \quad x \geq 0,$$

so daß wegen $P(m_n \geq d) = 1$ (0.6) erfüllt ist mit der Grenzverteilung $\mathcal{E}(1)$ und den Konstantenfolgen $a_n = n \, f(d)$, $b_n = d$.

Man beachte, daß hier die Grenzverteilung überhaupt nicht von der speziellen Form der zugrundeliegenden Dichte abhängt, und diese lediglich über einen einzigen Wert f(d) in die normalisierenden Konstanten eingeht!

Für den Fall, daß $f(d) = 0$ gilt sowie

$$(0.29) \quad f^{(k)}(d) = 0, \; 1 \le k < N, \; f^{(N)}(d) > 0 \quad \text{für ein } N \in \mathbb{N},$$

ergibt eine analoge Rechnung mit

$$(0.30) \quad F(d + h) = \sum_{k=1}^{N+1} \frac{h^k}{k!} f^{(k-1)}(d) + o(h^{N+1})$$

$$= \frac{h^{N+1}}{(N+1)!} f^{(N)}(d) + o(h^{N+1}) \quad (h \downarrow 0):$$

$$(0.31) \quad P(a_n(m_n - d) \le x) = 1 - (1 - F(d + \frac{x}{a_n}))^n$$

$$= 1 - (1 - \frac{x^{(N+1)}}{n} + o(\frac{1}{n}))^n \to 1 - e^{-x^{(N+1)}}, \; x \ge 0,$$

$$\text{wenn } a_n = \sqrt[N+1]{n \frac{f^{(N)}(d)}{(N+1)!}} \quad (n \in \mathbb{N}) \text{ gewählt wird.}$$

Die Verteilungen mit Verteilungsfunktion

$$(0.32) \quad H_\alpha(x) = \begin{cases} 0, \; x \le 0 \\ \\ 1 - e^{-x^\alpha}, \; x \ge 0 \end{cases} \qquad (\alpha > 0)$$

heißen auch *Weibull-Verteilungen (mit Parameter α)*. Im betrachteten Beispiel bestimmt also die Glattheit der Dichte im Punkt d den Parameter $\alpha = N + 1$ der Grenzverteilung.

Wie sich aus den obigen Ausführungen ergibt, ist eine (schwache) Grenzverteilung geeignet normalisierter Extrema M_n oder m_n nicht eindeutig bestimmt. Gilt beispielsweise (0.5) und sind $A > 0$, $B \in \mathbb{R}$, so folgt offenbar

$$(0.33) \quad P(\frac{A_n}{A}(M_n - (B_n + \frac{B}{A_n})) \le x) \to G(Ax + B) \quad (n \to \infty),$$

falls $Ax + B$ Stetigkeitspunkt von G ist.

Man sagt dann, daß die Grenzverteilungen $G(x)$ und $G(Ax + B)$ vom selben Typ sind (d.h. wenn sie sich nur durch eine positiv-lineare Transformation der Argumente unterscheiden).

In manchen praktischen Situationen kann man aufgrund (später noch zu analysierender) theoretischer Überlegungen einen bestimmten Grenzverteilungstyp "favorisieren". Es besteht dann das Problem, die Konstanten A und B aus den Daten zu schätzen. Hierzu trägt man zweckmäßigerweise die modifizierte empirische Verteilungsfunktion

$$(0.34) \quad F_n^*(x) = \frac{n}{n+1} F_n(x) \qquad (x \in \mathbb{R})$$

mit F_n aus (0.11) in ein geeignetes "Wahrscheinlichkeitspapier" ein (die Modifikation ist meistens notwendig, um nicht die größte Beobachtung M_n zu verlieren (siehe unten). Man beachte jedoch, daß sup $F_n^*(x) < 1$, also F_n^* keine Verteilungsfunktion im eigentlichen Sinne ist!).

Dieses erhält man durch Beschriftung der linear geteilten Ordinate mit den durch G transformierten Werten (z-Skala), wobei wir annehmen, daß G streng monoton im Bereich $M = \{x \in \mathbb{R} \mid 0 < G(x) < 1\}$ ist:

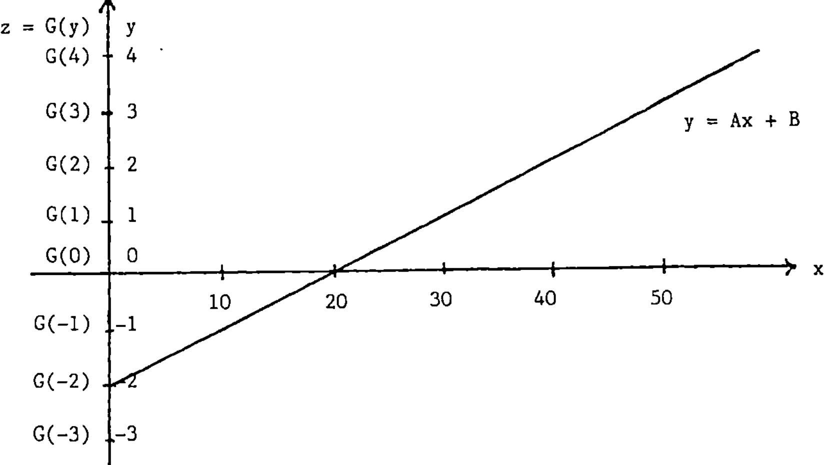

Eine Gerade der Form y = Ax + B entspricht dann in der z-Skala dem Graphen der Verteilungsfunktion

$$(0.35) \quad z = G(y) = G(Ax + B), \quad x \in M.$$

Da die modifizierte empirische Verteilungsfunktion $F_n^*(x)$ mit Wahrscheinlichkeit 1 ebenfalls gegen $G(x)$ konvergiert, liegen wegen $F_n^*(M_{k:n}) = \frac{k}{n+1}$ ($M_{k:n}$ bezeichne die k-größte der n Zufallsvariablen) die Punkte $(M_{k:n}, G^{-1}(\frac{k}{n+1}))$ in der y-Skala "fast" auf einer Geraden, wenn n genügend groß ist. Die Konstanten A und B lassen sich also aus der Stichprobe $X_1,....,X_n$ z.B. dadurch schätzen, daß die Werte $(M_{k:n}, G^{-1}(\frac{k}{n+1}))$ (in der y-Skala) durch eine Gerade ausgeglichen werden (z.B. mit der Methode der kleinsten Quadrate o.ä.). A entspricht dann der Steigung, B dem Achsenschnitt der Geraden. Für den Fall, daß $G(x) < 1$ für alle $x \in \mathbb{R}$, existiert $G^{-1}(1)$ nicht als endlicher Wert. Bei Verwendung der empirischen Verteilungsfunktion (d.h. der Paare $(M_{k:n}, G^{-1}(\frac{k}{n}))$) geht dann $M_{n:n} = M_n$ verloren. Aus diesem Grund bevorzugt man hier F_n^*.

Beispiel 0.3. (aus Leadbetter/Lindgren/Rootzén (1983)).
Bei Messungen des SO_2-Gehalts der Luft zwischen 1956 und 1974 in Long Beach, Kalifornien (Nähe Los Angeles) ergaben sich folgende Werte für die einstündigen Durchschnittskonzentrationen (in pphm, jährliche Spitzenwerte) (jährliche Durchschnittswerte zum Vergleich):

Jahr	1956	1957	1958	1959	1960	1961	1962
jährl. Maximum	47	41	68	32	27	43	20
jährl. Durchschnitt	4,0	3,0	3,4	2,1	1,9	1,9	1,5

Jahr	1963	1964	1965	1966	1967	1968	1969
jährl. Maximum	27	25	18	33	40	51	55
jährl. Durchschnitt	1,3	1,4	2,6	3,0	2,5	3,1	2,5

Jahr	1970	1971	1972	1973	1974
jährl. Maximum	40	55	37	28	34
jährl. Durchschnitt	2,4	2,5	2,5	1,9	1,7

Trägt man diese in ein Wahrscheinlichkeitspapier für $G(x) = e^{-e^{-x}}$ $(x \in \mathbb{R})$ ein, so erhält man:

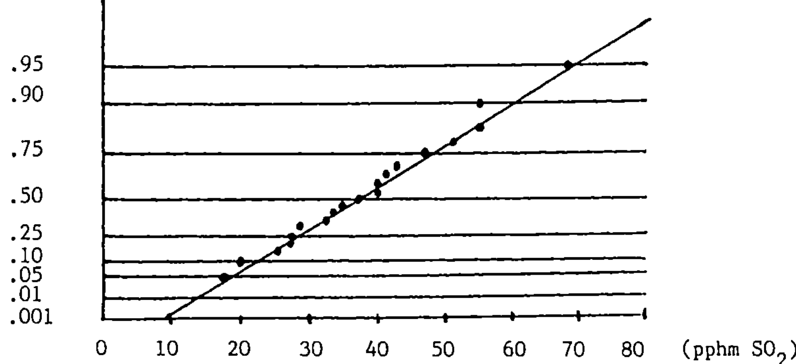

Die Methode der kleinsten Quadrate ergibt für die jährlichen Maximum-Daten (Werte ermittelt mit dem Programm "Extremwertanalyse" aus Anhang A 3):

A = 0,0824   B = - 2,6058

sowie eine empirische Korrelation von 0,9944; die maximale Abweichung der empirischen Verteilungsfunktion F_n zu der (geschätzten) Verteilungsfunktion beträgt 8,28 %. (Eine andere Schätzung wurde von Roberts 1979 verwendet; vgl. Leadbetter/Lindgren/Rootzén (1983), p. 295 - 296.)

Beispiel 0.4. (Zugfestigkeitsversuche an Blechen: Zugprüfmaschine nach DIN 51221, Zugversuch nach DIN 50145)

Bei selektierten Zugversuchen an Stahlblechplatten von 20 x 0,7 mm^2 Querschnitt ergaben sich folgende Werte für die Bruchdehnung in % (der Größe nach geordnet):

35,9	36,5	36,9	37,2	37,2	37,3	37,3	37,3
37,8	37,8	38,1	38,3	38,7	38,8	38,9	38,9
39,0	39,3	39,4	39,9	40,3	40,4	40,5	40,5
40,5	40,8	40,8	41,1	41,1	41,1	41,2	41,2
41,2	41,3	41,5	41,5	41,5	41,6	41,7	41,9
42,2	42,2	42,3	42,4	42,5	42,6	42,7	42,7
42,8	42,9	43,0	43,7	44,3	44,9	45,0	46,7

Nach Eintrag der Daten in Wahrscheinlichkeitspapiere für die Weibull-Verteilung $H\alpha$ mit α = 10, α = 5, α = $\frac{10}{3}$ und α = 2,5 ergibt sich folgendes Bild (A,B geschätzt mit der Methode der kleinsten Quadrate, Werte ermittelt mit dem Programm "Extremwertanalyse" aus Anhang A 3):

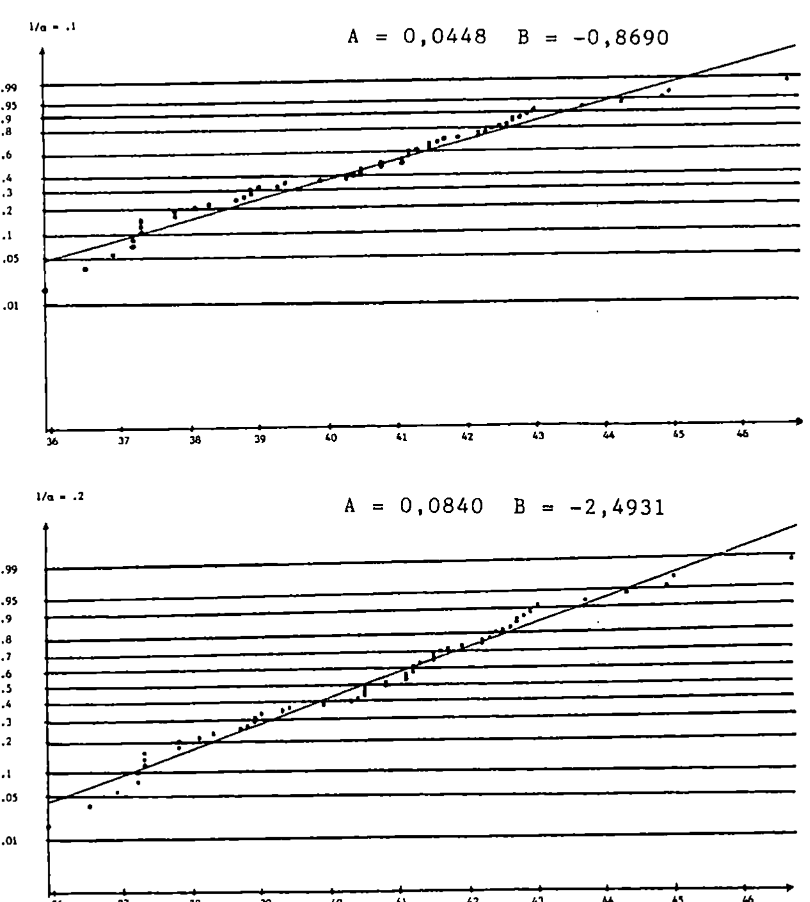

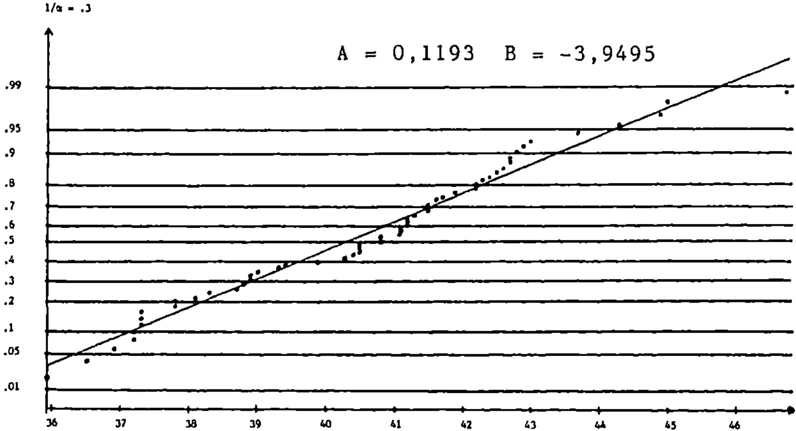

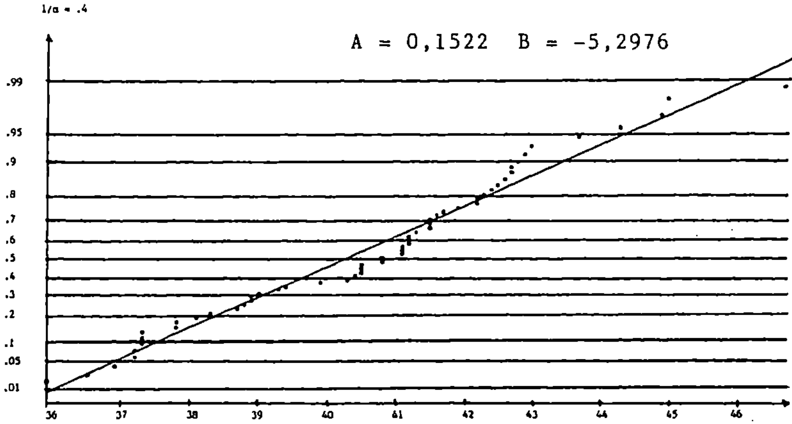

Die maximale empirische Korrelation ergibt sich in diesem Beispiel im angegebenen Bereich $(2,5 \leq \alpha \leq 10)$ für $\alpha = 3,34 \left(\approx \frac{10}{3} \right)$ zu 0,9896, mit einer maximalen Abweichung der empirischen zur geschätzten Verteilungsfunktion von 9,37 %. (Man beachte, daß α-Werte kleiner als 1,97 zu unzulässigen Schätzungen führen, da dann der linke Endpunkt der geschätzten Verteilung größer ist als der kleinste beobachtete Wert $M_{1:n} = 35,9$.)

Weitere Beispiele und Diskussionen zu Wahrscheinlichkeitspapieren im Zusammenhang mit Extremwerten finden sich z.B. in Gumbel (1958).

Beispiel 0.5. (Pareto-Verteilungen)
Sei F gegeben durch

$$(0.36) \quad F(x) = \begin{cases} 0, & x \le 1 \\ \\ 1 - x^{-\alpha}, & x \ge 1 \end{cases} \qquad (\alpha > 0)$$

Dann gilt

$$(0.37) \quad P(A_n(M_n - B_n) \le x) = (1 - (\tfrac{x}{A_n} + B_n)^{-\alpha})^n \to e^{-x^{-\alpha}}, \ x > 0 \ (n \to \infty)$$

für z. B. $A_n = n^{-1/\alpha}$, $B_n = 0$ $(n \in \mathbb{N})$.

Auch hier wird durch

$$(0.38) \quad G_\alpha(x) = \begin{cases} 0, & x \le 0 \\ \\ e^{-x^{-\alpha}}, & x > 0 \end{cases} \qquad (\alpha > 0)$$

eine Verteilungsfunktion (mit Parameter α) definiert.

Beispiel 0.6.
Es sei $\{-X_n\}$ verteilt wie in Beispiel 0.2, (0.29), mit d = 0.

Dann gilt mit den dortigen Bezeichnungen:

$$(0.39) \quad P(a_n M_n \le x) = P(-a_n \min(-X_1,\dots,-X_n) \le x)$$

$$= 1 - P(a_n \min(-X_1,\dots,-X_n) < -x) \to 1 - H_{N+1}(-x), \ x \in \mathbb{R} \quad (n \to \infty),$$

d.h.

$$(0.40) \quad G_{N+1}(x) = \begin{cases} 1, & x \geq 0 \\ e^{-(-x)^{N+1}}, & x < 0 \end{cases}$$

ist Grenzverteilungs-Verteilungsfunktion. Das letzte Beispiel läßt sich sofort folgendermaßen verallgemeinern:

Lemma 0.4. Existieren für die Folge $\{X_n\}$ Konstanten $a_n > 0$ und $b_n \in \mathbb{R}$ sowie eine stetige Verteilungsfunktion H mit (0.6), so gilt für die Maxima M_n^- der Folge $\{-X_n\}$:

$$(0.41) \quad P(a_n(M_n^- + b_n) \leq x) \to G(x) := 1 - H(-x), \quad x \in \mathbb{R} \ (n \to \infty).$$

Existieren analog $A_n > 0$, $B_n \in \mathbb{R}$ und stetiges G mit (0.5), so gilt für die Minima m_n^- der Folge $\{-X_n\}$:

$$(0.42) \quad P(A_n(m_n^- + B_n) \leq x) \to H(x) := 1 - G(-x), \quad x \in \mathbb{R} \ (n \to \infty).$$

Beweis:

$$P(a_n(M_n^- + b_n) \leq x) = P(-a_n(m_n - b_n) \leq x) = P(a_n(m_n - b_n) \geq -x)$$
$$= 1 - P(a_n(m_n - b_n) < -x) \to 1 - H(-x), \quad x \in \mathbb{R} \ (n \to \infty)$$

sowie analog

$$P(A_n(m_n^- + B_n) \leq x) = P(-A_n(M_n - B_n) \leq x) =$$
$$1 - P(A_n(M_n - B_n) < -x) \to 1 - G(-x), \quad x \in \mathbb{R} \ (n \to \infty).$$

Die bisherigen Beispiele sowie Lemma 0.4 zeigen, daß die folgenden Typen von Grenzverteilungen für geeignet normalisierte Extrema auftreten können:

Für Maxima:

$$(0.43) \quad G_1(x) = e^{-e^{-x}}, \; x \in \mathbb{R} \qquad \text{(Typ I)}$$

$$(0.44) \quad G_{2,\alpha}(x) = \begin{cases} 0, & x \leq 0 \\ e^{-x^{-\alpha}}, & x > 0 \end{cases} \qquad \text{(Typ II)} \quad (\alpha > 0)$$

$$(0.45) \quad G_{3,\alpha}(x) = \begin{cases} e^{-(-x)^{\alpha}}, & x < 0 \\ 1, & x \geq 0 \end{cases} \qquad \text{(Typ III)} \quad (\alpha > 0)$$

Für Minima:

$$(0.46) \quad H_1(x) = 1 - e^{-e^{x}}, \; x \in \mathbb{R} \qquad \text{(Typ I)}$$

$$(0.47) \quad H_{2,\alpha}(x) = \begin{cases} 1 - e^{-(-x)^{-\alpha}}, & x < 0 \\ 1, & x \geq 0 \end{cases} \qquad \text{(Typ II)} \; (\alpha > 0)$$

$$(0.48) \quad H_{3,\alpha}(x) = \begin{cases} 0, & x \leq 0 \\ 1 - e^{-x^{\alpha}}, & x > 0 \end{cases} \qquad \text{(Typ III)} \; (\alpha > 0)$$

Wir werden in dem folgenden § 1 u.a. zeigen, daß außer diesen Typen keine weiteren (nicht-entarteten) Grenzverteilungen für (normalisierte) Extrema existieren, und in § 2 untersuchen, für welche Ausgangsverteilungsfunktion F überhaupt schwache Konvergenz normalisierter Extrema (gegen die obigen Grenzverteilungen) möglich ist, und wie man gegebenenfalls die normalisierenden Konstanten A_n, B_n bzw. a_n, b_n ($n \in \mathbb{N}$) bestimmen kann.

Anmerkungen zur Literatur. Behandlungen von Fragestellungen im Bereich der Extremwertstatistik gehen vereinzelt bereits bis in das 18. Jahrhundert zurück (vgl. Galambos (1987), Abschnitt 2.11); erste zusammenhängende Untersuchungen stammen aber wohl erst von Frèchet (1927) und Fisher und Tippett (1928), welche bereits die drei möglichen Typen der Grenzverteilungen für Extrema angaben. Theoretisch fundiert wurden diese Arbeiten insbesondere durch Gnedenko (1943). In Buchform wurde das Gebiet erstmalig durch Gumbel (1958) aufgearbeitet, allerdings mit einem deutlichen Gewicht auf numerischen und graphischen Methoden sowie zahlreichen Beispielen aus den Ingenieur- und Naturwissenschaften.

Anfang der 70er Jahre setzte eine stärkere Entwicklung des Gebiets ein, in deren Verlauf elegantere Beweistechniken und Hinzuziehen von Methoden aus anderen mathematischen Disziplinen zu einer vereinfachten und darüberhinaus erschöpfenden Darstellung der 'klassischen' Theorie (d.h. für unabhängige und identisch verteilte Zufallsvariablen) führte (vgl. Galambos (1987)). Daneben wurden aber auch verstärkt andere Modelle untersucht, in denen gewisse Abhängigkeitsstrukturen zwischen den Zufallsvariablen zugelassen sind (vgl. Leadbetter/Lindgren/Rootzèn (1983) und Galambos (1987)). Insbesondere die Theorie der stochastischen Punktprozesse ergab neue Einsichten in die strukturellen Besonderheiten der Extremwerttheorie (vgl. Resnick (1987)).
Mit der Extremwertstatistik verwandte Fragestellungen werden z.B. auch in dem Buch von Bingham/Goldie/Teugels (1987) behandelt.

§ 1 Max-stabile Verteilungen

Eine wesentliche Eigenschaft der oben genannten Grenzverteilungstypen ist die, daß für den Fall, daß diese selbst die zugrundeliegende Verteilung bilden, die (geeignet) normalisierten Maxima bzw. Minima sich selbst verteilungsmäßig reproduzieren. Dies sieht man beispielsweise bei den Maxima, wenn man für A_n, B_n wählt:

$$(1.1) \quad A_n = 1, \qquad B_n = \log n \qquad \text{(Typ \ I)}$$
$$(1.2) \quad A_n = n^{-1/\alpha}, \quad B_n = 0 \qquad \text{(Typ \ II)}$$
$$(1.3) \quad A_n = n^{1/\alpha}, \quad B_n = 0 \qquad \text{(Typ \ III)}, \ n \in \mathbb{N}.$$

Bei (1.1) ist nämlich z.B.

$$(1.4) \quad P(A_n(M_n - B_n) \leq x) = P(M_n \leq \frac{x}{A_n} + B_n) = F^n(\frac{x}{A_n} + B_n)$$

$$= [\exp(-\exp(-x - \log n))]^n = \exp(-n \, e^{-x} e^{-\log n}) = e^{-e^{-x}}$$

$$= F(x), \ x \in \mathbb{R}, \ n \in \mathbb{N},$$

analog für die übrigen Fälle.

Da man mit Hilfe von Lemma 0.4 die schwache Konvergenz normalisierter Minima auf diejenige normalisierter Maxima zurückführen kann, wollen wir uns im folgenden hauptsächlich mit der Untersuchung normalisierter Maxima beschäftigen, und die entsprechenden Resultate für Minima gegebenenfalls nur erwähnen.

Definition 1.1.

a) Eine nicht-entartete Verteilungsfunktion G heißt max-stabil, wenn Konstanten $A_n > 0$, $B_n \in \mathbb{R}$ existieren, so daß

$$(1.5) \quad G^n(\frac{x}{A_n} + B_n) = G(x), \ x \in \mathbb{R}, \ n \in \mathbb{N}.$$

Eine Verteilung heißt max-stabil, wenn ihre Verteilungsfunktion max-stabil ist.

b) Sind F,G Verteilungsfunktionen und gilt für geeignete Konstanten
$A_n > 0$, $B_n \in \mathbb{R}$

$$(1.6) \qquad F^n(\tfrac{x}{A_n} + B_n) \to G(x) \qquad\qquad (n \to \infty)$$

für alle Stetigkeitspunkte x von G, so sagt man: F liegt im Anziehungsbereich von G, i.Z.: $F \in \mathcal{D}(G)$.[*]

Eine max-stabile Verteilungsfunktion ist also eine solche, für die sich
(geeignet) normalisierte Maxima verteilungsmäßig selbst reproduzieren.
Insbesondere sind also die Verteilungsfunktionen vom Typ I, II oder III
max-stabil. Jede Verteilungsfunktion G eines solchen Typs liegt deshalb
auch in ihrem eigenen Anziehungsbereich: $G \in \mathcal{D}(G)$.

Der analoge Begriff der min-Stabilität folgt aus dem obigen, wenn G
durch H, A_n, B_n durch a_n, b_n und G^n, F^n durch $1-(1-H)^n$, $1-(1-F)^n$ ersetzt werden.

Der folgende Satz gibt eine Charakterisierung max-stabiler Verteilungsfunktionen.

Satz 1.1. Es sei G eine nicht-entartete Verteilungsfunktion.
a) G ist genau dann max-stabil, wenn Folgen $\{F_n\}$ von Verteilungsfunktionen,
   $\{A_n\}$, $\{B_n\}$ von Konstanten mit $A_n > 0$ existieren, so daß

$$(1.7) \qquad F_n(\tfrac{x}{A_{nk}} + B_{nk}) \to G^{1/k}(x) \quad (n \to \infty)$$
$$\text{für alle } k \in \mathbb{N} \text{ und alle Stetigkeitspunkte x von G.}$$

b) $\mathcal{D}(G) \neq \emptyset$ genau dann, wenn G max-stabil ist. In diesem Fall gilt insbesondere: $G \in \mathcal{D}(G)$.

Teil b) des Satzes besagt also, daß die nicht-entarteten Grenzverteilungen
geeignet normalisierter Maxima nur max-stabile Verteilungen sein können.

---

[*] aus dem Englischen für "domain of attraction"

Als Hauptresultat dieses Abschnitts werden wir dann später zeigen, daß alle nicht-entarteten, max-stabilen Verteilungen notwendig vom Typ I, II oder III sind.

Zum Beweis des Satzes 1.1. werden noch einige Hilfsmittel benötigt, die im folgenden bereitgestellt werden.

Definition 1.2. (Pseudo-Inverse)

Es sei $\psi : \mathbb{R} \to \mathbb{R}$ eine schwach monoton wachsende, rechtsseitig stetige Funktion, $I(\psi) = \inf\{\psi(x) \mid x \in \mathbb{R}\}$, $S(\psi) = \sup\{\psi(x) \mid x \in \mathbb{R}\}$. Dann wird auf dem offenen Intervall $(I(\psi), S(\psi))$ die Pseudo-Inverse ψ^{-1} von ψ erklärt durch

$$(1.8) \qquad \psi^{-1}(y) = \inf\{x \in \mathbb{R} \mid \psi(x) \geq y\}, \quad I(\psi) < y < S(\psi).$$

(Wegen der rechtsseitigen Stetigkeit von ψ kann das "inf" sogar durch "min" ersetzt werden.)

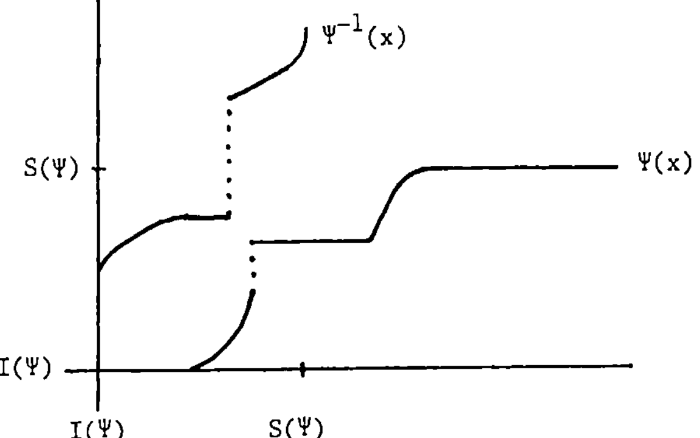

Bei der Bildung der Pseudo-Inversen gehen offensichtlich Konstanzbereiche von ψ in Sprungstellen von ψ^{-1} über und umgekehrt.

Einige wichtige Eigenschaften der Pseudo-Inversen sind im folgenden angegeben.

Lemma 1.1. Es seien ψ, ψ^{-1} wie in Definition 1.2.

a) ψ^{-1} ist auf $(I(\psi), S(\psi))$ schwach monoton wachsend und linksseitig stetig.

b) (1.9) $\psi(\psi^{-1}(y)) \geq y$ $(I(\psi) < y < S(\psi))$.

c) Ist ψ in $\psi^{-1}(y)$ $(I(\psi) < y < S(\psi))$ stetig, so gilt

   (1.10) $\psi(\psi^{-1}(y)) = y$.

d) (1.11) $\psi^{-1}(\psi(x)) \leq x$, $x \in \mathbb{R}$ $(I(\psi) < \psi(x) < S(\psi))$.

e) Ist ψ^{-1} in $\psi(x)$ $(x \in \mathbb{R})$ stetig und $I(\psi) < \psi(x) < S(\psi)$, so gilt

   (1.12) $\psi^{-1}(\psi(x)) = x$.

Beweis: Sei $I(\psi) < y < S(\psi)$. Es existiert eine monoton fallende Folge $\{z_n\}$ mit $z_n \to \psi^{-1}(y)$ $(n \to \infty)$ und $\psi(z_n) \geq y$. Da ψ rechtsseitig stetig ist, folgt $\psi(z_n) \to \psi(\psi^{-1}(y))$ und deshalb $\psi(\psi^{-1}(y)) \geq y$, also b). Für $I(\psi) < \psi(x) < S(\psi)$ ist per def. $\psi^{-1}(\psi(x)) = \inf\{z \in \mathbb{R} \mid \psi(z) \geq \psi(x)\} \leq x$, also gilt d).

Sei nun $I(\psi) < y_1 \leq y_2 < S(\psi)$. Dann ist wegen b) $\psi(\psi^{-1}(y_2)) \geq y_2 \geq y_1$, also $\psi^{-1}(y_1) = \inf\{z \in \mathbb{R} \mid \psi(z) \geq y_1\} \leq \psi^{-1}(y_2)$, d.h. ψ^{-1} ist auf $(I(\psi), S(\psi))$ schwach monoton wachsend.

Sei nun $\{y_n\}$ eine monoton wachsende Folge in $(I(\psi), S(\psi))$ mit Grenzwert $y \in (I(\psi), S(\psi))$. Dann konvergiert $\{\psi^{-1}(y_n)\}$ monoton, etwa gegen $z (\leq \psi^{-1}(y))$. Sei nun $z < \psi^{-1}(y)$. Dann ist auch $\psi(z) < y$ per def. von ψ^{-1}. Andererseits ist wegen b) $\psi(\psi^{-1}(y_n)) \geq y_n$, also $\liminf_{n \to \infty} \psi(\psi^{-1}(y_n)) \geq y > \psi(z)$ mit $\psi^{-1}(y_n) \uparrow z$: Widerspruch zur Monotonie von ψ! Somit ist $z = \psi^{-1}(y)$, also ψ linksseitig stetig. Damit ist a) gezeigt.

Für $I(\psi) < y < S(\psi)$ sei ψ in $\psi^{-1}(y)$ stetig. Ist nun $\{x_n\}$ eine monoton wachsende Folge mit $x_n < \psi^{-1}(y)$ und $\lim_{n \to \infty} x_n = \psi^{-1}(y)$, so ist nach (1.8) $\psi(x_n) < y$, also wegen (1.9) $\lim_{n \to \infty} \psi(x_n) \leq y \leq \psi(\psi^{-1}(y)) = \psi(\lim_{n \to \infty} x_n) = \lim_{n \to \infty} \psi(x_n)$ und damit $\psi(\psi^{-1}(y)) = y$. Damit folgt c).

Sei nun ψ^{-1} in $\psi(x)$ $(x \in \mathbb{R})$ stetig mit $I(\psi) < \psi(x) < S(\psi)$. Ist $\{y_n\}$ eine monoton fallende Folge mit $y_n > \psi(x)$ und $\lim_{n \to \infty} y_n = \psi(x)$, so ist wieder nach (1.8) $\psi^{-1}(y_n) > x$, also wegen (1.11)

$$\lim_{n \to \infty} \psi^{-1}(y_n) \geq x \geq \psi^{-1}(\psi(x)) = \psi^{-1}(\lim_{n \to \infty} y_n) = \lim_{n \to \infty} \psi^{-1}(y_n)$$

und damit $\psi^{-1}(\psi(x)) = x$. Damit folgt auch e).

Eine auch für später nützliche Konsequenz aus Lemma 1.1 ist das folgende

Lemma 1.2. Es sei X eine Zufallsvariable mit stetiger Verteilungsfunktion F. Dann ist $F(X)$ $\mathcal{R}(0,1)$ - verteilt. Ist umgekehrt F eine beliebige Verteilungsfunktion und U $\mathcal{R}(0,1)$ - verteilt, so besitzt $F^{-1}(U)$ die Verteilungsfunktion F.

Beweis: Es sei für $0 < x < 1$ $A_x = \{y \in \mathbb{R} \mid F(y) \le x\}$, $B_x = \{y \in \mathbb{R} \mid y \le F^{-1}(x)\}$. Da F stetig ist, gilt wegen der Monotonie von F und (1.10): $B_x \subseteq A_x$. Ist ferner x ein Stetigkeitspunkt von F^{-1} und ist $F(y) = x$ für ein $y \in \mathbb{R}$, so gilt mit (1.12): $F^{-1}(x) = F^{-1}(F(y)) = y$. Nach (1.8) impliziert weiter $F(y) < x$ die Beziehung $y < F^{-1}(x)$ ($y \in \mathbb{R}$), so daß mit dem gerade gezeigten folgt: $A_x \subseteq B_x$, also $A_x = B_x$. Da F^{-1} schwach monoton wächst, ist die Menge $C = \{x \in (0,1) \mid A_x \ne B_x\}$ höchstens abzählbar, so daß für alle $x \in (0,1)\backslash C$ folgt: $\{F(X) \le x\} = X^{-1}(A_x) = X^{-1}(B_x) = \{X \le F^{-1}(x)\}$, also gilt $P(F(X) \le x) = P(X \le F^{-1}(x)) = F(F^{-1}(x)) = x$ für alle $x \in (0,1)$. Damit ist $F(X)$ $\mathcal{R}(0,1)$ - verteilt. Umgekehrt folgt analog $\{F^{-1}(U) \le x\} = \{U \le F(x)\}$ für alle x mit $0 < F(x) < 1$ (nach Definition von F^{-1}), so daß folgt $P(F^{-1}(U) \le x) = P(U \le F(x)) = F(x)$ für alle x mit $0 < F(x) < 1$, also besitzt $F^{-1}(U)$ die Verteilungsfunktion F.

Der folgende Satz ist eine wichtige Anwendung von Lemma 1.2 auf die schwache Konvergenz von Verteilungen.

Satz 1.2. (Übertragungssatz von Skorokhod)
Es sei $\{F_n, G\}$ eine Familie von Verteilungsfunktionen mit

$$(1.13) \quad F_n(x) \to G(x) \quad (n \to \infty)$$

für alle Stetigkeitspunkte x von G. Dann gibt es eine Familie von Zufallsvariablen $\{X_n, Y\}$ derart, daß X_n die Verteilungsfunktion F_n und Y die Verteilungsfunktion G besitzt, und

(1.14) $X_n \to Y$ fast sicher $(n \to \infty)$

gilt.

Beweis: Sei U eine $\mathcal{R}(0,1)$ - verteilte Zufallsvariable. Dann genügen die durch

(1.15) $X_n = F_n^{-1}(U)$, $Y = G^{-1}(U)$,

definierten Zufallsvariablen der gewünschten Bedingung: gemäß Lemma 1.2 besitzen nämlich X_n bzw. Y die Verteilungsfunktionen F_n bzw. G, so daß (1.14) gilt, wenn

(1.16) $F_n^{-1}(x) \to G^{-1}(x)$ $(n \to \infty)$

nachgewiesen ist für alle bis auf höchstens abzählbar viele x. Es reicht also, solche $x \in (0,1)$ zu betrachten, die Stetigkeitspunkte von G^{-1} sind. Sei nun $\varepsilon > 0$; dann existieren Stetigkeitspunkte y und z von G mit

(1.17) $y < G^{-1}(x) < z$ und $z - y < \varepsilon$

(da G höchstens abzählbar viele Unstetigkeitsstellen besitzt, die Stetigkeits-punkte also dicht liegen). Wegen (1.11) ist dann auch $G(y) < x$ (Umkehrschluß!). Mit (1.9) folgt ferner $x \leq G(G^{-1}(x)) \leq G(z)$. Angenommen, es wäre $x = G(z)$.

Dann ist für jedes $\delta > 0$ mit $x + \delta < S(G)$ $G^{-1}(x + \delta) = \inf\{u \mid G(u) \geq x + \delta\} > z$, aber zugleich $G^{-1}(x) < z$ nach Voraussetzung: Widerspruch zur Stetigkeit von G^{-1} in x! Es folgt also insgesamt

(1.18) $G(y) < x < G(z)$.

Wegen (1.13) existiert dann ein $n(\varepsilon) \in \mathbb{N}$ derart, daß

(1.19) $F_n(y) < x < F_n(z)$ für alle $n \geq n(\varepsilon)$,

also

$$(1.20) \quad y \le F_n^{-1}(x) \le z.$$

Mit (1.17) ergibt sich demnach

$$(1.21) \quad \left| F_n^{-1}(x) - G^{-1}(x) \right| \le \varepsilon \quad \text{für } n \ge n(\varepsilon),$$

also (1.16) und damit die Aussage des Satzes.

Als unmittelbare Folgerung aus Satz 1.2 erhalten wir

Lemma 1.3. Es sei $\{F_n, G\}$ wie in Satz 1.2. Ferner seien $\{\alpha_n\}, \{\beta_n\}$ Folgen mit $\alpha_n > 0$ und $\alpha_n \to \alpha > 0$, $\beta_n \to \beta \in \mathbb{R}$ $(n \to \infty)$. Dann folgt aus $F_n(x) \to G(x)$ $(n \to \infty)$ für alle Stetigkeitspunkte x von G auch

$$(1.22) \quad F_n(\alpha_n x + \beta_n) \to G(\alpha x + \beta) \quad (n \to \infty)$$

sofern $\alpha x + \beta$ Stetigkeitspunkt von G ist.

Beweis: Seien X_n, Y wie in Satz 1.2. Dann folgt unmittelbar

$$(1.23) \quad \frac{X_n - \beta_n}{\alpha_n} \to \frac{Y - \beta}{\alpha} \quad \text{fast sicher } (n \to \infty),$$

also

$$(1.24) \quad P(X_n \le \alpha_n x + \beta_n) \to P(Y \le \alpha x + \beta) \quad (n \to \infty),$$

d.h. (1.22).
Nunmehr können wir ein erstes fundamentales Hilfsresultat formulieren.

Satz 1.3. (Chintchin)
Es sei $\{F_n, G\}$ wie in Satz 1.2, G nicht entartet. Ferner seien $\{\alpha_n\}$, $\{\beta_n\}$ Folgen mit $\alpha_n > 0$ und

$$(1.25) \quad F_n(\alpha_n x + \beta_n) \to G(x) \quad (n \to \infty) \text{ für alle Stetigkeitspunkte x von G.}$$

Notwendig und hinreichend dafür, daß für eine geeignete nicht-entartete
Verteilungsfunktion G^* und Folgen $\{\alpha_n^*\}$, $\{\beta_n^*\}$ mit $\alpha_n^* > 0$ gilt

$$(1.26) \quad F_n(\alpha_n^* x + \beta_n^*) \to G^*(x) \quad (n \to \infty) \text{ für alle Stetigkeitspunkte } x \text{ von } G^* \text{ ist:}$$

$$(1.27) \quad \frac{\alpha_n^*}{\alpha_n} \to \alpha, \quad \frac{\beta_n^* - \beta_n}{\alpha_n} \to \beta \quad (n \to \infty) \text{ für geeignete } \alpha > 0, \ \beta \in \mathbb{R}.$$

In diesem Fall ist dann notwendig

$$(1.28) \quad G^*(x) = G(\alpha x + \beta) \quad (x \in \mathbb{R}),$$

d.h. G und G^* sind vom selben Typ.

Beweis: Wir kürzen wie folgt ab:

$$(1.29) \quad \tilde{\alpha}_n = \frac{\alpha_n^*}{\alpha_n}, \quad \tilde{\beta}_n = \frac{\beta_n^* - \beta_n}{\alpha_n},$$

$$\tilde{F}_n(x) = F_n(\alpha_n x + \beta_n) \quad (x \in \mathbb{R}, \ n \in \mathbb{N}).$$

Dann sind die Beziehungen (1.25) bis (1.27) gleichbedeutend mit

$$(1.30) \quad \tilde{F}_n(x) \to G(x) \qquad (n \to \infty)$$

$$(1.31) \quad \tilde{F}_n(\tilde{\alpha}_n x + \tilde{\beta}_n) \to G^*(x) \quad (n \to \infty)$$

$$(1.32) \quad \tilde{\alpha}_n \to \alpha, \quad \tilde{\beta}_n \to \beta \qquad (n \to \infty)$$

Lemma 1.3 zeigt nun, daß (1.30) und (1.32) die Beziehung (1.31) implizieren,
mit $G^*(x) = G(\alpha x + \beta)$ $(x \in \mathbb{R})$.
Die ursprüngliche Beziehung (1.27) ist damit als hinreichende Bedingung für
(1.26) nachgewiesen.
Zum Beweis der Notwendigkeit der Beziehung (1.27) (bzw. (1.32)) wählen wir
zwei verschiedene Stetigkeitspunkte x und y von G^* mit $0 < G^*(x) < 1$,
$0 < G^*(y) < 1$ (solche existieren, da G^* nicht entartet ist). Dann sind die Fol-
gen $\{\tilde{\alpha}_n x + \tilde{\beta}_n\}$ und $\{\tilde{\alpha}_n y + \tilde{\beta}_n\}$ beide beschränkt (andernfalls wäre etwa

$\lim_{n\to\infty}\sup(\tilde{\alpha}_n x + \tilde{\beta}_n) = + \infty$ oder $\lim_{n\to\infty}\inf(\tilde{\alpha}_n x + \tilde{\beta}_n) = - \infty$, also wahlweise $\lim_{n\to\infty}{}^{\sup}_{\inf} \tilde{F}_n(\tilde{\alpha}_n x + \tilde{\beta}_n) \in \{0,1\}$ im Widerspruch zu (1.31), analog für y). Damit ist auch $\{\tilde{\alpha}_n(x-y)\}$ und damit $\{\tilde{\alpha}_n\}$ selbst beschränkt, entsprechend $\{\tilde{\beta}_n\}$, also auch die Doppelfolge $\{(\tilde{\alpha}_n,\tilde{\beta}_n)\}$. Es gibt also eine Teilfolge $\{n_k\}$ und $\alpha > 0$, $\beta \in \mathbb{R}$ mit

$$(1.33) \quad \tilde{\alpha}_{n_k} \to \alpha, \quad \tilde{\beta}_{n_k} \to \beta.$$

Es bleibt noch zu zeigen, daß α und β eindeutig bestimmt sind. Gäbe es eine weitere Teilfolge $\{m_k\}$ und $a > 0$, $b \in \mathbb{R}$ mit

$$(1.34) \quad \tilde{\alpha}_{m_k} \to a, \quad \tilde{\beta}_{m_k} \to b,$$

so wäre nach Lemma 1.3

$$(1.35) \quad G^*(z) = G(\alpha z + \beta) = G(az + b)$$

(zunächst nur für alle Stetigkeitspunkte von G^*, wegen deren Dichtheit und rechtsseitiger Stetigkeit von G dann aber für alle $z \in \mathbb{R}$). Nach Voraussetzung existieren $s < t$ mit $0 < u = G(s) < v = G(t) \le 1$. Für $v < 1$ gilt wegen $G(\alpha\cdot + \beta)^{-1} = \frac{1}{\alpha}(G^{-1}(\cdot) - \beta)$, $G(a\cdot + b)^{-1} = \frac{1}{a}(G^{-1}(\cdot) - b)$:

$$(1.36) \quad \frac{1}{\alpha}(G^{-1}(u) - \beta) = \frac{1}{a}(G^{-1}(u) - b) = G^{*-1}(u)$$

$$(1.37) \quad \frac{1}{\alpha}(G^{-1}(v) - \beta) = \frac{1}{a}(G^{-1}(v) - b) = G^{*-1}(v)$$

und damit $\frac{1}{\alpha}(G^{-1}(u) - G^{-1}(v)) = \frac{1}{a}(G^{-1}(u) - G^{-1}(v))$ (mit $G^{-1}(u) < G^{-1}(v)$), also $a = \alpha$ und damit auch $b = \beta$. Für $v = 1$ argumentiert man analog.

Hiermit folgt die Notwendigkeit der Beziehung (1.27) für (1.26), sowie mit Lemma 1.3 die restliche Aussage des Satzes.

Nunmehr können wir Satz 1.1 beweisen:

Zu a): Mit G selbst ist auch $G^{1/k}$ nicht entartet ($k \in \mathbb{N}$), so daß sich mit (1.7) und Satz 1.3 ergibt ($\alpha_n = \frac{1}{A_n}$, $\beta_n = B_n$, $\alpha_n^* = \frac{1}{A_{nk}}$, $\beta_n^* = B_{nk}$, $G^* = G^{1/k}$):

$G^{1/k}(x) = G(\alpha x + \beta)$ $(x \in \mathbb{R})$ für geeignete $\alpha > 0$, $\beta \in \mathbb{R}$ (abhängig von k), also
die max-Stabilität von G.

Wählt man umgekehrt $F_n = G^n$, so liefert die max-Stabiltität von G

$$G^n(\frac{x}{A_n} + B_n) = G(x) \quad (x \in \mathbb{R}) \text{ für geeignete } A_n > 0, B_n \in \mathbb{R} \ (n \in \mathbb{N}), \text{ also}$$

$$F_n(\frac{x}{A_{nk}} + B_{nk}) = \{G^{nk}(\frac{x}{A_{nk}} + B_{nk})\}^{1/k} = G^{1/k}(x) \quad (x \in \mathbb{R})$$

und damit auch (1.7).

Zu b): Gemäß den Bemerkungen im Anschluß an Definition 1.1. bleibt nur
eine Richtung zu zeigen:
Sei also $F \in \mathcal{D}(G)$, d.h. es gelte (1.6). Dann folgt

$$F^{nk}(\frac{x}{A_{nk}} + B_{nk}) \to G(x) \quad (n \to \infty)$$

für alle Stetigkeitspunkte x von G, also (1.7) mit $F_n = F^n$. Nach a) ist somit
G max-stabil.

Insgesamt läßt sich damit die Gültigkeit der folgenden (fundamentalen)
Funktionalgleichung für max-stabile Verteilungsfunktionen zeigen:

Lemma 1.4. Es sei G eine max-stabile, nicht-entartete Verteilungsfunktion.
Dann existieren Funktionen

$$a : \mathbb{R}^+ \to \mathbb{R}^+, \quad b : \mathbb{R}^+ \to \mathbb{R} \quad \text{mit}$$

$$(1.38) \quad G^s(a(s)x + b(s)) = G(x), \ x \in \mathbb{R}, \ s > 0.$$

Die Funktionen a und b können dabei sogar als meßbar angenommen werden.

Beweis: Wegen der max-Stabilität von G gilt

$$(1.39) \quad G^{[[ns]]} (\frac{x}{A_{[[ns]]}} + B_{[[ns]]}) = G(x)$$

für alle $x \in \mathbb{R}$, $s > 0$, wobei $[[\cdot]]$ die Gauß-Klammer (ganzzahliger Anteil des Arguments) bezeichne.

Wegen $n/[[ns]] \to \frac{1}{s}$ $(n \to \infty)$ ergibt sich

$$(1.40) \quad G^n\left(\frac{x}{A_{[[ns]]}} + B_{[[ns]]}\right) = \left\{G^{[[ns]]}\left(\frac{x}{A_{[[ns]]}} + B_{[[ns]]}\right)\right\}^{n/[[ns]]}$$

$$= G^{n/[[ns]]}(x) \to G^{1/s}(x) \quad (n \to \infty)$$

für alle $x \in \mathbb{R}$, so daß aufgrund des Satzes 1.3 mit (1.39) (für $s = 1$) folgt, daß

$$(1.41) \quad \frac{A_n}{A_{[[ns]]}} \to a(s) > 0, \quad A_n(B_{[[ns]]} - B_n) \to b(s) \quad (n \to \infty)$$

für geeignete (Funktionen) $a(s)$, $b(s)$, und

$$(1.42) \quad G^{1/s}(x) = G(a(s)x + b(s)), \quad x \in \mathbb{R}, \ s > 0$$

gilt, also (1.38). Die Meßbarkeit von $a(\cdot)$ und $b(\cdot)$ folgt hier aus (1.41) (Limites meßbarer Funktionen).

Nunmehr sind wir in der Lage, das Hauptresultat dieses Abschnitts zu formulieren.

Satz 1.4. Es sei G eine nicht-entartete Verteilungsfunktion und max-stabil. Dann ist G vom Typ I, II oder III (vgl. (0.43) bis (0.45)).

Beweis: Wir zeigen zunächst, daß mit

$$(1.43) \quad \psi(x) = -\log(-\log G(x)), \ 0 < G(x) < 1$$

gilt:

$$(1.44) \quad I(\psi) = -\infty, \ S(\psi) = +\infty.$$

Hierzu reicht es zu zeigen, daß keine (endlichen) $x_L, x_R \in \mathbb{R}$ existieren mit

(1.45) $\quad G(x_L) > 0, \quad \displaystyle\lim_{x \uparrow x_L} \sup G(x) = 0$

oder

(1.46) $\quad G(x_R) = 1, \quad \displaystyle\lim_{x \uparrow x_R} \sup G(x) < 1.$

Die max-Stabilität für n = 2 liefert nämlich

(1.47) $\quad G^2(ax + b) = G(x), \quad x \in \mathbb{R}$

für geeignete a > 0, b $\in \mathbb{R}$.
Wäre z.B. (1.45) erfüllt, so müßte gelten:

i) falls $ax_L + b < x_L$:
   $0 = G^2(ax_L + b) = G(x_L) > 0$: Widerspruch!

ii) falls $ax_L + b > x_L$: mit $x = \dfrac{x_L - b}{a}$ ergäbe sich $x < x_L$, also
   $0 < G^2(x_L) = G^2(ax + b) = G(x) = 0$: Widerspruch!

iii) falls $ax_L + b = x_L$: $G^2(x_L) = G^2(ax_L + b) = G(x_L) > 0$, also $G(x_L) = 1$,
   d.h. G entartet: Widerspruch!

Es kann also kein endliches solches x_L existieren; analog argumentiert man
für x_R.

Die Funktionalgleichung (1.38) geht damit über in

(1.48) $\quad \psi(a(s)x + b(s)) - \log s = \psi(x), \quad 0 < G(x) < 1$

so daß

(1.49) $\quad \dfrac{\psi^{-1}(y + \log s) - b(s)}{a(s)} = \psi^{-1}(y), \quad y \in \mathbb{R}, \ s > 0$

(wegen (1.43) und (1.44)). Hieraus erhält man durch Subtraktion

$$(1.50) \quad \frac{\psi^{-1}(y + \log s) - \psi^{-1}(\log s)}{a(s)} = \psi^{-1}(y) - \psi^{-1}(0), \quad y \in \mathbb{R}, \; s > 0,$$

und somit mit den Transformationen

$$(1.51) \quad z = \log s, \; h(z) = a(e^z), \; g(y) = \psi^{-1}(y) - \psi^{-1}(0):$$

$$(1.52) \quad g(y + z) - g(z) = g(y)\, h(z), \quad y,z \in \mathbb{R}.$$

Vertauschung von y und z und erneute Subtraktion liefert

$$(1.53) \quad g(y)(1 - h(z)) = g(z)(1 - h(y)), \quad y,z \in \mathbb{R}.$$

Wir betrachten nun drei mögliche Situationen, die letztendlich zu den drei Grenzverteilungstypen führen.

Fall I: $h(z) \equiv 1, \; z \in \mathbb{R}$

Aus (1.52) erhält man äquivalent

$$(1.54) \quad g(y+z) = g(y) + g(z), \quad y,z \in \mathbb{R}$$

Die monotonen Lösungen dieser Funktionalgleichung sind aber notwendig von der Form

$$(1.55) \quad g(y) = \frac{y}{\alpha}, \quad y \in \mathbb{R}$$

für ein $\alpha > 0$ (da ψ^{-1} schwach monoton wachsend ist). Damit ist $\psi^{-1}(y) = g(y) + \psi^{-1}(0)$ stetig in y, also mit (1.12) und $\beta = -\alpha\psi^{-1}(0)$:

$$(1.56) \quad x = \psi^{-1}(\psi(x)) = \frac{1}{\alpha}\psi(x) + \psi^{-1}(0) = \frac{1}{\alpha}\psi(x) - \frac{\beta}{\alpha}, \quad (0 < G(x) < 1)$$

also

$$(1.57) \quad \psi(x) = \alpha x + \beta \quad \text{bzw.} \quad G(x) = e^{-e^{-(\alpha x + \beta)}}, \quad x \in \mathbb{R},$$

d.h. in diesem Fall ist G vom Typ I.

Fall II: $h(z) \neq 1$ für ein $z = z_o$:

Aus (1.53) erhält man äquivalent

(1.58) $\quad g(y) = \dfrac{g(z_o)}{1-h(z_o)} \, (1 - h(y)) = c(1 - h(y)), \; y \in \mathbb{R}$

$\quad$ mit $c = \dfrac{g(z_o)}{1-h(z_o)} \neq 0$ (Sonst wäre ψ^{-1} konstant, also G entartet).

Aus (1.52) erhält man somit

(1.59) $\quad c(1 - h(y + z)) - c(1 - h(z)) = c(1 - h(y))h(z), \quad y,z \in \mathbb{R}$

also

(1.60) $\quad h(y + z) = h(y)h(z), \quad y,z \in \mathbb{R}.$

Die monotonen Lösungen dieser Funktionalgleichung sind nun von der Form

(1.61) $\quad h(y) = e^{y/\gamma}, \; y \in \mathbb{R}$ mit $\gamma \neq 0$, so daß mit $\beta = \psi^{-1}(0)$

(1.62) $\quad \psi^{-1}(y) = \beta + c(1 - e^{y/\gamma}), \; y \in \mathbb{R}.$

Wegen der Monotonie von ψ^{-1} muß dann $\dfrac{c}{\gamma} < 0$ sein, so daß wieder

(1.63) $\quad x = \psi^{-1}(\psi(x)) = \beta + c(1 - e^{\psi(x)/\gamma})$

$\qquad = \beta + c(1 - (-\log G(x))^{-1/\gamma}) \quad (0 < G(x) < 1)$

oder

(1.64) $\quad G(x) = \exp(-(1 - \frac{x-\beta}{c})^{-\gamma}), \text{ wo } 0 < G(x) < 1.$

Hieraus ergibt sich, daß G Verteilungsfunktion vom Typ II oder III ist mit $\alpha = \pm \, \gamma$, je nachdem, ob $\gamma > 0$ oder $\gamma < 0$.

Damit ist der Satz bewiesen.

Das nachstehende Resultat ist nun unmittelbare Folgerung aus Satz 1.4:

Satz 1.5. Es sei G nicht-entartet. Falls dann für geeignete Konstantenfolgen $A_n > 0$, $B_n \in \mathbb{R}$ gilt

$$(1.65) \quad P(A_n(M_n - B_n) \leq x) \to G(x)$$

für alle Stetigkeitspunkte x von G, dann ist G notwendig vom Typ I, II oder III.

Hierbei können A_n und B_n sogar so gewählt werden, daß G durch die durch (0.43) bis (0.45) gegebene Standardform beschrieben wird.

Beweis: Es ist (1.7) mit $F_n = F^n$ erfüllt, also G max-stabil und damit vom Typ I, II oder III. Die andere Aussage folgt aus Satz 1.3.

Durch Ausnutzung von Lemma 0.4 läßt sich natürlich ein analoges Resultat für Minima herleiten:

Satz 1.6. Es sei H nicht-entartet. Falls dann für geeignete Konstantenfolgen $a_n > 0$, $b_n \in \mathbb{R}$ gilt

$$(1.66) \quad P(a_n(m_n - b_n) \leq x) \to H(x)$$

für alle Stetigkeitspunkte x von H, so ist notwendig H min-stabil und damit notwendig vom Typ I,II oder III (für Minima; vgl. (0.46) bis (0.48)).

Die Sätze 1.4 bis 1.6 liefern z.B. auch eine mögliche Begründung für die Wahl der Modelle in den Beispielen 0.3 und 0.4. So könnte man etwa die einstündigen Durchschnittskonzentrationen des SO_2-Gehalts der Luft näherungsweise (wegen des zentralen Grenzwertsatzes) als normalverteilt ansehen; die Modellwahl in Beispiel 0.3 wäre dann etwa gerechtfertigt, wenn $\Phi \in \mathcal{D}(G_1)$ (was tatsächlich der Fall ist).

Im Beispiel 0.4 kann man sich vorstellen, daß die zur Feststellung der Bruchdehnung aufgewendete Zugkraft sich (näherungsweise) gleichmäßig auf n
gleich große Segmente der Blechprobe verteilt, und das Metall zuerst in dem
"schwächsten" Segment reißt, so daß man n m_n beobachtet, wobei die zugrundeliegenden $X_1,...,X_n$ die (theoretisch erreichbaren) Bruchdehnungen in
den einzelnen Segmenten bedeuten. Wenn man aufgrund physikalischer Überlegungen rechtfertigen kann, daß die Verteilung dieser Bruchdehnungen "glatt"
im Sinne von (0.29) ist, und n als genügend groß angesehen werden kann, ist
das Weibull-Modell wegen (0.31) also sinnvoll.

Für Fragen der "richtigen" Modellbildung ist es also offensichtlich notwendig, genauere Charakterisierungen der Anziehungsbereiche $\mathcal{D}(G)$ bzw. $\mathcal{D}(H)$
für Extremwertverteilungen G und H für Maxima bzw. Minima zur Verfügung
zu haben. Mit diesem Themenkreis beschäftigt sich der folgende Abschnitt.

Anmerkungen zum Text. Die Ausführungen in § 1 folgen im wesentlichen
Leadbetter/Lindgren/Rootzén (1983), Abschnitt 1.1 bis 1.4 sowie Resnick
(1987), 0.2 bis 0.3. Weitere Beweise zum Themenkreis der Sätze 1.4 und 1.5
finden sich z.B. in Gumbel (1958), Abschnitt 5.1 und 7.1, Galambos (1987),
Abschnitt 2.4 und 2.5 und Billingsley (1986), p. 195 - 199.

Anmerkungen zur Literatur. Das Problem der möglichen (nicht-entarteten)
Grenzverteilungen für normalisierte Extrema wurde außer für den klassischen
Fall unabhängiger und identisch verteilter Zufallsvariablen $\{X_n\}$ auch unter
allgemeineren Voraussetzungen, z.B. m-Abhängigkeit, starke Mischungsbe-
dingungen, Stationarität (speziell bei Gauß-Folgen) u.a. untersucht (vgl.
Leadbetter/Lindgren/Rootzén (1983), Chapter 3 und Galambos (1987), Chapter
3). Eine relativ schwache Bedingung vom Mischungstyp, die in den oben genannten Fällen erfüllt ist, und die wiederum zu den bekannten Extremwertverteilungen vom Typ I, II oder III führt, stammt von Leadbetter (1974) (vgl.
auch Leadbetter/Lindgren/Rootzén (1983), Satz 3.3.3):

Satz 1.7. Es sei $\{X_n\}$ eine stationäre Folge (d.h. für beliebige Indices $i_1,\dots,i_n$ und $m \in \mathbb{N}$ besitzen die Zufallsvektoren $(X_{i_1},\dots,X_{i_n})$ und $(X_{i_1+m},\dots,X_{i_n+m})$ dieselbe Verteilung) mit zugehöriger Verteilungsfunktion F (für die Randverteilungen), und es gelte (0.5). Dann ist G notwendig Extremwertverteilungsfunktion vom Typ I, II oder III, wenn die folgenden Bedingungen erfüllt sind:

1.) Zu jedem $x \in \mathbb{R}$ existiert eine Folge $\{\alpha_{nk}\}$ (in Abhängigkeit von der Folge $\{\frac{x}{A_n} + B_n\}$), die bei festem n schwach monoton fallend in k ist mit

$$(1.67) \quad \lim_{n \to \infty} \alpha_{n,[[n\lambda]]} = 0 \quad \text{für alle } \lambda > 0.$$

2.) Für alle Indices $1 \leq i_1 < i_2 < \dots < i_{m_1} < i_{m_2} < \dots < i_m \leq n$ mit $k \leq i_{m_2} - i_{m_1}$ gilt

$$(1.68) \quad |P(\bigcap_{j=1}^{m} \{X_{i_j} \leq \tfrac{x}{A_n} + B_n\}) - P(\bigcap_{j=1}^{m_1} \{X_{i_j} \leq \tfrac{x}{A_n} + B_n\}) \, P(\bigcap_{j=m_2}^{m} \{X_{i_j} \leq \tfrac{x}{A_n} + B_n\})| \leq \alpha_{nk}.$$

Bedingung (1.68) besagt anschaulich, daß sich Teilmaxima, gebildet über disjunkte Indexbereiche, die "weit" auseinanderliegen, praktisch wie unabhängige Zufallsvariablen verhalten, wodurch der Beweis des Satzes im wesentlichen (durch Blockbildung) auf den unabhängigen Fall zurückgeführt werden kann.

Dies rechtfertigt nachträglich auch die Annahme einer Extremwertverteilung im Beispiel 0.4, obwohl das Verhalten benachbarter Segmente sicherlich nicht als vollständig unabhängig voneinander angesehen werden kann, der Einfluß weiter auseinanderliegender Segmente aufeinander jedoch praktisch keine Rolle mehr spielt.

Dennoch müssen Schlußfolgerungen aus Extremwertanalysen in praktischen (insbesondere technischen) Situationen vorsichtig bewertet werden (vgl. dazu auch die Diskussion in Leadbetter/Lindgren/Rootzén (1983), Abschnitt 14.1 und Galambos (1987), Abschnitt 3.12.3).

§ 2 Anziehungsbereiche max-stabiler Verteilungen

Wie die Sätze 1.1 und 1.4 des vorigen Kapitels gezeigt haben, sind die Anziehungsbereiche $\mathcal{D}(G)$ (bzw. $\mathcal{D}(H)$) max-(bzw. min-) stabiler Verteilungsfunktionen G (bzw. H) nicht-leer, da stets $G \in \mathcal{D}(G)$ $(H \in \mathcal{D}(H))$.
Die Frage ist nun, wie "groß" diese Anziehungsbereiche sind, d.h. welche Bedingungen an F charakteristisch für $F \in \mathcal{D}(G)$ (bzw. $F \in \mathcal{D}(H)$) sind. Jedenfalls läßt sich leicht zeigen, daß nicht jede Verteilungsfunktion F zum Anziehungsbereich (irgend) einer (nicht-entarteten) max- (min-) stabilen Verteilungsfunktion gehört.

Beispiel 2.1. Es sei $x_R = \sup\{x \in \mathbb{R} \mid F(x) < 1\} < \infty$ und
$p = \lim_{h \downarrow 0} F(x_R - h) < 1$ (d.h. F besitzt positive Wahrscheinlichkeitsmasse in x_R). Dann gilt $F \notin \mathcal{D}(G)$ für jede nicht-entartete max-stabile Verteilungsfunktion G (die dann stetig ist; vgl. Satz 1.4). Denn anderenfalls gäbe es Folgen $\{A_n\}$, $\{B_n\}$ mit $A_n > 0$ und

$$(2.1) \qquad F^n(\tfrac{x}{A_n} + B_n) \to G(x) \qquad (n \to \infty) \ .$$

Es ist aber

$$(2.2) \qquad F^n(\tfrac{x}{A_n} + B_n) \begin{cases} = 1 \, , \ x \geq A_n(x_R - B_n) \\[2ex] \leq p^n, \ x < A_n(x_R - B_n) \end{cases}$$

so daß nur $G(x) \in \{0,1\}$ gelten kann, also G entartet ist $(x \in \mathbb{R})$.

Der folgende Satz charakterisiert die Anziehungsbereiche nicht-entarteter max-stabiler Verteilungen, die wegen Satz 1.4 durch (0.43) bis (0.45) gegeben sind.

Satz 2.1. Es sei wieder $x_R = \sup\{x \in \mathbb{R} \mid F(x) < 1\}$.
Notwendig und hinreichend ist dann
für $F \in \mathcal{D}(G_1)$: Es existiert eine positive, meßbare Funktion g, so daß

$$(2.3) \qquad \lim_{t \uparrow x_R} \frac{1 - F(t + xg(t))}{1 - F(t)} = e^{-x}$$

für alle $x \in \mathbb{R}$.

Falls $F \in \mathcal{D}(G_1)$, ist eine mögliche Wahl

$$(2.4) \qquad g(t) = \int_t^{x_R} \frac{1 - F(u)}{1 - F(t)} \, du \qquad\qquad \text{für } a < t < x_R$$

(a geeignet).

für $F \in \mathcal{D}(G_{2,\alpha})$: $x_R = \infty$ und

$$(2.5) \qquad \lim_{t\uparrow\infty} \frac{1 - F(tx)}{1 - F(t)} = x^{-\alpha} \qquad (x > 0)$$

für $F \in \mathcal{D}(G_{3,\alpha})$: $x_R < \infty$ und

$$(2.6) \qquad \lim_{h\downarrow 0} \frac{1 - F(x_R - xh)}{1 - F(x_R - h)} = x^{\alpha} \qquad (x > 0).$$

Eine mögliche Wahl der Konstanten A_n, B_n für die schwache Konvergenz von $A_n(M_n - B_n)$ ist dann gegeben durch

$$(2.7) \qquad A_n = \frac{1}{g(\gamma_n)} , \quad B_n = \gamma_n \qquad \text{für } F \in \mathcal{D}(G_1)$$

$$(2.8) \qquad A_n = \frac{1}{\gamma_n} , \quad B_n = 0 \qquad \text{für } F \in \mathcal{D}(G_{2,\alpha})$$

$$(2.9) \qquad A_n = \frac{1}{x_R - \gamma_n}, \quad B_n = x_R \qquad \text{für } F \in \mathcal{D}(G_{3,\alpha})$$

wobei jeweils

$$(2.10) \qquad \gamma_n = F^{-1}(1 - \tfrac{1}{n}) \;{}^{*)} \quad (n \geq 2).$$

(Man beachte, daß $\lim\limits_{n\to\infty} \gamma_n = x_R$, mit $\gamma_n < x_R$ (wegen Beispiel 2.1), so daß A_n in (2.7) bis (2.9) – zumindest für genügend große n – wohldefiniert und positiv ist.)

---

*) Allgemeiner kann jede Folge $\{\gamma_n\}$ gewählt werden, die die Beziehung (2.11) erfüllt; s.u.

Wir werden hier nur das Hinreichen der angegebenen Bedingungen für $F \in \mathcal{D}(G)$ beweisen; bezgl. der Notwendigkeit der Bedingungen sei auf Resnick (1987) verwiesen. Zum Beweis werden einige im folgenden vorgestellte Hilfsresultate benötigt.

Lemma 2.1. Es sei γ_n wie in (2.10), und es gelte eine der Bedingungen (2.3), (2.5) oder (2.6). Dann folgt

$$(2.11) \quad \lim_{n \to \infty} n(1 - F(\gamma_n)) = 1.$$

Beweis: Zunächst ist wegen (1.9)

$$(2.12) \quad n(1 - F(\gamma_n)) \leq 1 \quad \text{für alle } n \geq 2$$

(unabhängig von den Zusatzbedingungen), also

$$(2.13) \quad \limsup_{n \to \infty} n(1 - F(\gamma_n)) \leq 1.$$

Andererseits gilt für jedes $\delta_n < \gamma_n$:

$$(2.14) \quad n(1 - F(\delta_n)) > 1 \quad (n \geq 2)$$

(sonst wäre $F(\delta_n) \geq 1 - \frac{1}{n}$, also wegen (1.11) und Lemma 1.1.a):

$$\delta_n \geq F^{-1}(F(\delta_n)) \geq F^{-1}(1 - \tfrac{1}{n}) = \gamma_n).$$

Ist nun etwa (2.3) erfüllt, so folgt mit der Wahl

$$\delta_n = \gamma_n + x\,g(\gamma_n) \quad (x < 0):$$

$$(2.15) \quad n(1 - F(\gamma_n)) > \frac{n(1 - F(\gamma_n))}{n(1 - F(\delta_n))} \quad \to e^x \quad (n \to \infty),$$

also

$$(2.16) \quad \liminf_{n \to \infty} n(1 - F(\gamma_n)) \geq e^x \quad \text{(für alle } x < 0)$$

und damit

$$(2.17) \quad \liminf_{n \to \infty} n(1 - F(\gamma_n)) \geq 1,$$

also mit (2.13) die Behauptung.

Im Fall der Gültigkeit von (2.5) verfährt man analog mit der Wahl $\delta_n = \gamma_n x$ ($0 < x < 1$) und betrachtet die Situation $x \uparrow 1$. Im Fall der Gültigkeit von (2.6) wählt man (für $x > 1$) $x_R - h_n = \gamma_n$, $x_R - x h_n = \delta_n$ und betrachtet die Situation $x \downarrow 1$.

Lemma 2.2. Für $\tau > 0$ und $n > \tau$ sei

$$(2.18) \quad \gamma_n(\tau) = F^{-1}(1 - \tfrac{\tau}{n}),$$

und es gelte eine der Bedingungen (2.3), (2.5) oder (2.6).

Dann folgt

$$(2.19) \quad \lim_{n \to \infty} n(1 - F(\gamma_n(\tau))) = \tau.$$

Beweis: Wegen Lemma 1.1. ist $\gamma_n(\tau) \leq \gamma_{[[\frac{n}{\tau}]] + 1}$, also mit (1.9)

$$(2.20) \quad n(1 - F(\gamma_{[[\frac{n}{\tau}]] + 1})) \leq n\,(1 - F(\gamma_n(\tau))) \leq \tau.$$

Andererseits ist

$$(2.21) \quad \lim_{n \to \infty} n(1 - F(\gamma_{[[\frac{n}{\tau}]] + 1})) = \lim_{n \to \infty} \frac{n}{[[\frac{n}{\tau}]] + 1} \, ([[\tfrac{n}{\tau}]] + 1)(1 - F(\gamma_{[[\frac{n}{\tau}]] + 1}))$$

$$= \tau \lim_{m \to \infty} m(1 - F(\gamma_m)) = \tau$$

nach Lemma 2.1, so daß damit die Behauptung folgt.

Lemma 2.3. Es sei $0 \leq \tau \leq \infty$ und $\{u_n\}$ eine Folge reeller Zahlen. Dann sind die Beziehungen

$$(2.22) \quad \lim_{n \to \infty} n(1 - F(u_n)) = \tau \qquad \text{und}$$

(2.23) $\lim\limits_{n \to \infty} P(M_n \le u_n) = \lim\limits_{n \to \infty} F^n(u_n) = e^{-\tau}$

äquivalent.

Beweis: Es gelte (2.22) mit $\tau < \infty$. Dann ist

(2.24) $P(M_n \le u_n) = F^n(u_n) = (1 - \frac{1}{n}\{n(1 - F(u_n))\})^n$

$$= (1 - \frac{\tau}{n} + o(\frac{\tau}{n}))^n \to e^{-\tau} \quad (n \to \infty) ,$$

d.h. es folgt (2.23).

Gilt umgekehrt (2.23) mit $\tau < \infty$, so folgt zunächst

(2.25) $\lim\limits_{n \to \infty} 1 - F(u_n) = 0;$

anderenfalls gäbe es nämlich eine Teilfolge $\{n_k\}$ und $\beta > 0$ mit

(2.26) $1 - F(u_{n_k}) \ge \beta, \quad k \in \mathbb{N}.$

Damit wäre aber $F^{n_k}(u_{n_k}) \le (1 - \beta)^{n_k} \to 0 \ (k \to \infty)$
im Widerspruch zu (2.23). Es folgt demnach wegen

(2.27) $n \log(1 - \{1 - F(u_n)\}) \to -\tau \quad (n \to \infty)$
auch

(2.28) $n(1 - F(u_n)) \to \tau \quad (n \to \infty),$ da

(2.29) $\log(1 - h) = -h + O(h^2) \quad (h \to 0).$

Im Fall $\tau = \infty$ argumentiert man wie folgt:
Angenommen, es gelte (2.22), aber nicht (2.23). Wegen der Beschränktheit
der Folge $\{F^n(u_n)\}$ muß dann ein Häufungspunkt der Form $e^{-\mu}$ mit $\mu > 0$
existieren, und damit auch eine Teilfolge $\{n_k\}$ mit $\lim\limits_{k \to \infty} F^{n_k}(u_{n_k}) = e^{-\mu}$. Nach
der Äquivalenz von (2.22) und (2.23) für $\tau < \infty$ folgt also
$\lim\limits_{k \to \infty} n_k(1 - F(u_{n_k})) = \mu < \infty$ im Widerspruch zur Annahme.

Sei nun $\lim_{n\to\infty} F^n(u_n) = 0$ und $\liminf_{n\to\infty} n(1 - F(u_n)) = \beta < \infty$.
Dann gibt es wieder eine Teilfolge $\{n_k\}$ mit $\lim_{k\to\infty} n_k(1 - F(u_{n_k})) = \beta$
(d.h. es gilt (2.22)), so daß also

$$\lim_{k\to\infty} F^{n_k}(u_{n_k}) = e^{-\beta} > 0$$

im Widerspruch zur Annahme.
Das Lemma ist damit vollständig bewiesen.

Bemerkung: Gilt eine der Bedingungen (2.3), (2.5) oder (2.6), so ist wegen Lemmata 2.2. und 2.3. offenbar $\gamma_n(\log 2)$ der asymptotische Median von M_n (d.h. es ist $\lim_{n\to\infty} P(M_n \le \gamma_n(\log 2)) = \frac{1}{2}$).

In Beispiel 0.1. ist etwa

$$(2.30) \quad \gamma_n(\log 2) = \frac{1}{\lambda}(\log n - \log \log 2) = h\,\mathrm{lb}\,n - h\,\frac{\log \log 2}{\log 2} = h(\mathrm{lb}\,n + 0{,}53),$$

so daß 1 Mol des Ausgangsstoffes in 50 % aller Fälle (näherungsweise) vor ca. 79,5 h und in 50 % aller Fälle (näherungsweise) nach ca. 79,5 h vollständig zerfallen ist.

Wir wollen jetzt das Hinreichen der Bedingungen (2.3) bzw. (2.5) bzw. (2.6) für $F \in \mathcal{D}(G)$ (Satz 2.1) beweisen. Wählt man γ_n wie in (2.10) (vgl. Fußnote), so ergibt sich mit Lemma 2.1. etwa bei (2.3):

$$(2.31) \quad \lim_{n\to\infty} n(1 - F(\gamma_n + x g(\gamma_n))) = \lim_{n\to\infty} \frac{n(1 - F(\gamma_n + x g(\gamma_n)))}{n(1 - F(\gamma_n))}$$

$$= \lim_{n\to\infty} \frac{1 - F(\gamma_n + x g(\gamma_n))}{1 - F(\gamma_n)} = e^{-x} \qquad (x \in \mathbb{R}),$$

also mit Lemma 2.3.

$$(2.32) \quad \lim_{n \to \infty} P(\frac{M_n - \gamma_n}{g(\gamma_n)} \leq x) = \lim_{n \to \infty} P(M_n \leq \gamma_n + x \, g(\gamma_n))$$

$$= e^{-e^{-x}} \quad (x \in \mathbb{R}),$$

also $F \in \mathcal{D}(G_1)$ mit A_n, B_n wie in (2.7).

Bei (2.5) ist analog

$$(2.33) \quad \lim_{n \to \infty} n(1 - F(\gamma_n x)) = \lim_{n \to \infty} \frac{n(1 - F(\gamma_n x))}{n(1 - F(\gamma_n))}$$

$$= \lim_{n \to \infty} \frac{1 - F(\gamma_n x)}{1 - F(\gamma_n)} = x^{-\alpha} (x > 0), \text{ also}$$

wieder mit Lemma 2.3

$$(2.34) \quad \lim_{n \to \infty} P(\frac{M_n}{\gamma_n} \leq x) = \lim_{n \to \infty} P(M_n \leq \gamma_n x) = e^{-x^{-\alpha}} \quad (x > 0),$$

also $F \in \mathcal{D}(G_{2,\alpha})$ mit A_n, B_n wie in (2.8).

Bei (2.6) ist analog

$$(2.35) \quad \lim_{n \to \infty} n(1 - F(x_R + x(x_R - \gamma_n))) = \lim_{n \to \infty} \frac{n(1 - F(x_R - (-x)(x_R - \gamma_n)))}{n(1 - F(x_R - (x_R - \gamma_n)))}$$

$$= \lim_{n \to \infty} \frac{1 - F(x_R - (-x)(x_R - \gamma_n))}{1 - F(x_R - (x_R - \gamma_n))} = (-x)^{\alpha} \quad (x < 0),$$

also wieder mit Lemma 2.3

$$(2.36) \quad \lim_{n \to \infty} P(\frac{M_n - x_R}{x_R - \gamma_n} \leq x) = \lim_{n \to \infty} P(M_n \leq (x_R - \gamma_n) x + x_R)$$

$$= e^{-(-x)^{\alpha}} \quad (x < 0),$$

also $F \in \mathcal{D}(G_{3,\alpha})$ mit A_n, B_n wie in (2.9).

Es läßt sich leicht zeigen, daß die Extremwertverteilungen G_1, $G_{2,\alpha}$ und $G_{3,\alpha}$ die Beziehungen (2.3), (2.5) bzw. (2.6) erfüllen. Bei G_1 ergibt sich etwa mit der Wahl $g(t) \equiv 1$ ($t \in \mathbb{R}$):

$$(2.37) \quad \lim_{t \uparrow \infty} \frac{1 - G_1(t + x)}{1 - G_1(t)} = \lim_{t \uparrow \infty} \frac{1 - e^{-e^{-t} e^{-x}}}{1 - e^{-e^{-t}}}$$

$$= \lim_{h \downarrow 0} \frac{1 - e^{-h e^{-x}}}{1 - e^{-h}} = e^{-x} \quad (x \in \mathbb{R}).$$

Ferner ist sofort zu sehen, daß für jede solche Extremwertverteilungsfunktion G gilt:

Ist F t-äquivalent zu $G^{*)}$, d.h. gilt

$$(2.38) \quad \lim_{x \uparrow x_R} \frac{1 - F(x)}{1 - G(x)} = 1,$$

so ist $F \in \mathcal{D}(G)$, und F erfüllt die entsprechende der Bedingungen (2.3), (2.5) oder (2.6) (da nach obigem G diese selbst erfüllt). Für solche F sind die Beziehungen (2.3), (2.5) bzw. (2.6) also auch notwendig für $F \in \mathcal{D}(G)$.

Für den vollständigen Beweis sei hier nochmals auf das Buch von Resnick (1987) verwiesen.

I.a. gilt auch noch: Ist $F_1 \in \mathcal{D}(G)$ und sind F_1 und F_2 t-äquivalent, so ist auch $F_2 \in \mathcal{D}(G)$ (wie man dann sofort sieht). Ist beispielsweise F die Verteilungsfunktion der $\mathcal{E}(\lambda)$ - Verteilung, so gilt

$$(2.39) \quad \lim_{x \to \infty} \frac{1 - F(x)}{1 - G_1(\lambda x)} = \lim_{x \to \infty} \frac{e^{-\lambda x}}{1 - e^{-e^{-\lambda x}}} = \lim_{h \to 0} \frac{h}{1 - e^{-h}} = 1,$$

d.h. F und $G_1(\lambda.)$ sind t-äquivalent, so daß wegen $G_1(\lambda.) \in \mathcal{D}(G_1)$ auch $F \in \mathcal{D}(G_1)$ (wie bereits in (0.16) nachgewiesen).

$^{*)}$ aus dem englischen "tail-equivalence"

Besitzt die Verteilungsfunktion F eine geeignete Dichte f, so können hinreichende Bedingungen für $F \in \mathcal{D}(G)$, wo G Extremwertverteilungsfunktion für Maxima, auch wie folgt formuliert werden.

Satz 2.2. Es ist hinreichend für

$F \in \mathcal{D}(G_1)$: $f'(x) < 0$ für $a < x < x_R$ (a geeignet), $f(x_R) = 0$ und

$$(2.40) \quad \lim_{x \uparrow x_R} \frac{f'(x)(1 - F(x))}{f^2(x)} = -1$$

$F \in \mathcal{D}(G_{2,\alpha})$: $f(x) > 0$ für $x > a$ (a geeignet) und

$$(2.41) \quad \lim_{x \to \infty} \frac{x \, f(x)}{1 - F(x)} = \alpha$$

$F \in \mathcal{D}(G_{3,\alpha})$: $f(x) > 0$ für $a < x < x_R$ (a geeignet), und

$$(2.42) \quad \lim_{x \uparrow x_R} \frac{(x_R - x) \, f(x)}{1 - F(x)} = \alpha \; .$$

Beweis: Wir wollen hier der Einfachheit halber nur die Aussage für $F \in \mathcal{D}(G_{2,\alpha})$ beweisen (analog für $F \in \mathcal{D}(G_{3,\alpha})$; für $F \in \mathcal{D}(G_1)$ vgl. auch Galambos und Obretenov (1987) und Resnick (1987)).

Sei $\alpha(x) = \dfrac{x \, f(x)}{1 - F(x)}$, $x > a$.

Für $a \leq x_1 \leq x_2$ ist dann

$$(2.43) \quad \int_{x_1}^{x_2} \frac{\alpha(x)}{x} \, dx = -\log(1 - F(x)) \Big|_{x_1}^{x_2} = -\log \frac{1 - F(x_2)}{1 - F(x_1)} \, , \text{ also}$$

$$(2.44) \quad \frac{1 - F(x_2)}{1 - F(x_1)} = \exp\left(-\int_{x_1}^{x_2} \frac{\alpha(x)}{x} \, dx \right).$$

Mit γ_n aus (2.10) und der Wahl $x_1 = \gamma_n$, $x_2 = \gamma_n x$ $(x > 1)$ folgt dann

$$(2.45) \quad n(1 - F(\gamma_n x)) = \exp\left(- \int_{\gamma_n}^{\gamma_n x} \frac{\alpha(s)}{s}\, ds \right)$$

$$= \exp\left(- \int_1^x \frac{\alpha(\gamma_n s)}{s}\, ds \right) \to \exp\left(- \int_1^x \frac{\alpha}{s}\, ds \right)$$

$$= e^{-\alpha \log x} = x^{-\alpha} \qquad (n \to \infty)$$

nach Voraussetzung, also die Aussage mit Lemma 2.3.

Beispiel 2.2. (Normalverteilung)

Es sei $f(x) = \dfrac{1}{\sqrt{2\pi}}\, e^{-x^2/2}$ $\quad (x \in \mathbb{R})$.

Nach Abramowitz–Stegun (1984), Formel 26.2.12 gilt

$$(2.46) \quad \left(\frac{1}{x} - \frac{1}{x^3}\right) f(x) \le 1 - F(x) \le \frac{1}{x} f(x) \qquad (x > 0),$$

also

$$(2.47) \quad \lim_{x \to \infty} x\, \frac{1 - F(x)}{f(x)} = 1$$

und somit wegen

$$(2.48) \quad f'(x) = -x\, f(x) \qquad (x \in \mathbb{R})$$

also

$$(2.49) \quad \lim_{x \to \infty} \frac{f'(x)}{f^2(x)}\, (1 - F(x)) = -1.$$

Nach (2.40) ist also $F \in \mathcal{D}(G_1)$.

Dies ergibt sich auch unmittelbar aus (2.3) mit der Wahl $g(t) = \frac{1}{t}$, $t > 0$, da mit (2.46) folgt

$$(2.50) \quad \lim_{t \to \infty} \frac{1-F(t+\frac{x}{t})}{1-F(t)} = \lim_{t \to \infty} \frac{f(t+\frac{x}{t})}{f(t)}$$

$$= \lim_{t \to \infty} \exp\left(-\frac{1}{2}\left[(t+\frac{x}{t})^2 - t^2\right]\right) = \lim_{t \to \infty} e^{-\frac{x^2}{2t^2}} \; e^{-x} = e^{-x} \qquad (x \in \mathbb{R}).$$

Da die Bestimmung von γ_n aus (2.10) nicht unmittelbar möglich ist, beschränken wir uns auf eine andere (geeignete) Folge $\{\gamma_n\}$ mit $\lim_{n \to \infty} n\,(1 - F(\gamma_n)) = 1$ (vgl. Fußnote zu (2.10)).

Wegen (2.47) reicht es, γ_n so zu wählen, daß

$$(2.51) \quad \frac{f(\gamma_n)}{\gamma_n} = \frac{1}{n}\,(1+o(1)) \qquad (n \to \infty) \quad \text{bzw.}$$

$$(2.52) \quad \frac{\gamma_n^2}{2} + \log \gamma_n = \log n - \frac{1}{2} \log 2\pi + o(1) \qquad (n \to \infty).$$

Hierfür reicht es,

$$(2.53) \quad \frac{\gamma_n^2}{2} = \log n - \frac{1}{2} \log \log n - \frac{1}{2} \log 4\pi \qquad (n \geq 2)$$

zu wählen, da sich dann

$$(2.54) \quad 2 \log \gamma_n - \log 2 = \log \log n + O\left(\frac{\log \log n}{\log n}\right)$$

$$= \log \log n + o(1) \qquad (n \to \infty)$$

ergibt, also

$$(2.55) \quad \frac{\gamma_n^2}{2} + \log \gamma_n = \log n - \frac{1}{2} \log 2\pi + o(1) \qquad (n \to \infty)$$

wie gewünscht folgt.

Gemäß (2.7) und Satz 1.3 (mit $\alpha=1$, $\beta=0$) können dann A_n und B_n gewählt werden als

$$(2.56) \quad A_n = \sqrt{2 \log n} \;, \qquad B_n = \sqrt{2\log n} - \frac{1}{2} \frac{\log \log n + \log 4\pi}{\sqrt{2 \log n}} \qquad (n \geq 2).$$

Beispiel 2.3. (Gamma-Verteilung)

Es sei $f(x) = \dfrac{1}{\Gamma(\alpha)} x^{\alpha-1} e^{-x} \qquad (x > 0)$

Aus Abramowitz-Stegun (1984), Formel 6.5.32 folgt

$$(2.57) \quad \lim_{x \to \infty} \frac{1 - F(x)}{f(x)} = 1 \quad \left(\text{mit} \; \left| \frac{1 - F(x)}{f(x)} - 1 \right| = 0 \; (\tfrac{1}{x}) \quad (x \to \infty) \right),$$

also wegen

$$(2.58) \quad f'(x) = \left(\frac{\alpha - 1}{x} - 1 \right) f(x) \qquad (x > 0) \qquad \text{auch}$$

$$(2.59) \quad \lim_{x \to \infty} \frac{f'(x)}{f^2(x)} (1 - F(x)) = -1,$$

so daß wieder $F \in \mathcal{D}(G_1)$ nach (2.40).

(2.3) ergibt hier ebenfalls – mit $g(t) \equiv 1$ –

$$(2.60) \quad \lim_{t \to \infty} \frac{1 - F(t+x)}{1-F(t)} = \lim_{t \to \infty} \frac{f(t+x)}{f(t)} = e^{-x} \qquad (x \in \mathbb{R}) \;,$$

so daß jedenfalls $A_n \equiv 1$ eine mögliche Wahl ist.

Zur Bestimmung von B_n suchen wir wieder analog (2.51) eine Folge $\{\gamma_n\}$ mit

$$(2.61) \quad f(\gamma_n) = \frac{1}{n}(1+o(1)) \qquad (n \to \infty) \quad \text{bzw.}$$

$$(2.62) \quad \gamma_n - (\alpha-1) \log \gamma_n = \log n - \log \Gamma(\alpha) + o(1) \qquad (n \to \infty) .$$

Eine geeignete Wahl ist hier

$$(2.63) \quad B_n = \gamma_n = \log n + (\alpha-1) \log \log n - \log \Gamma(\alpha) \qquad (n \geq 2).$$

(Man beachte, daß für $\alpha=1$ eine Exponentialverteilung $\mathcal{E}(1)$ gegeben ist, so daß sich dann die bekannte Wahl $\gamma_n = \log n$ ergibt.)

Zum Abschluß dieses Abschnitts wollen wir noch die Analoga der Sätze 2.1. und 2.2. für Minima formulieren.

Satz 2.3. Es sei $x_L = \inf \{x \in \mathbb{R} \mid F(x) > 0\}$.

Notwendig und hinreichend ist dann

für $F \in \mathcal{D}(H_1)$: Es existiert eine positive, meßbare Funktion g, so daß

$$(2.64) \quad \lim_{t \downarrow x_L} \frac{F(t + x\, g(t))}{F(t)} = e^x \qquad (x \in \mathbb{R}).$$

Falls $F \in \mathcal{D}(H_1)$, ist eine mögliche Wahl

$$(2.65) \quad g(t) = \int_{x_L}^{t} \frac{F(u)}{F(t)} \, du \qquad \text{für } x_L < t < b$$

(b geeignet).

für $F \in \mathcal{D}(H_{2,\alpha})$: $x_L = -\infty$ und

$$(2.66) \quad \lim_{t \to -\infty} \frac{F(tx)}{F(t)} = x^{-\alpha} \qquad (x > 0).$$

für $F \in \mathcal{D}(H_{3,\alpha})$: $x_L > -\infty$ und

$$(2.67) \quad \lim_{h \downarrow 0} \frac{F(x_L + x\, h)}{F(x_L + h)} = x^{\alpha} \qquad (x > 0).$$

Eine mögliche Wahl der Konstanten a_n, b_n für die schwache Konvergenz von $a_n(m_n - b_n)$ ist dann gegeben durch

$$(2.68) \quad a_n = \frac{1}{g(\gamma_n)}, \quad b_n = \gamma_n \qquad \text{für } F \in \mathcal{D}(H_1)$$

$$(2.69) \quad a_n = -\frac{1}{\gamma_n}, \quad b_n = 0 \qquad \text{für } F \in \mathcal{D}(H_{2,\alpha})$$

$$(2.70) \quad a_n = \frac{1}{\gamma_n - x_L}, \quad b_n = x_L \qquad \text{für } F \in \mathcal{D}(H_{3,\alpha})$$

wobei jeweils

$$(2.71) \quad \gamma_n = F^{-1}(\tfrac{1}{n}) \qquad (n \geq 2) \quad \text{bzw.} \quad \{\gamma_n\} \text{ so gewählt ist, daß}$$

$$(2.72) \quad \lim_{n \to \infty} n\, F(\gamma_n) = 1 \,.$$

Satz 2.4. Es ist hinreichend für

$F \in \mathcal{D}(H_1)$: $f'(x) > 0$ für $x_L < x < b$ (b geeignet),

$\qquad f(x_L) = 0$ und

$$(2.73) \quad \lim_{x \downarrow x_L} \frac{f'(x)\, F(x)}{f^2(x)} = -1$$

$F \in \mathcal{D}(H_{2,\alpha})$: $f(x) > 0$ für $x < b$ (b geeignet) und

$$(2.74) \quad \lim_{x \to -\infty} \frac{x\, f(x)}{F(x)} = -\alpha$$

$F \in \mathcal{D}(H_{3,\alpha})$: $f'(x) > 0$ für $x_L < x < b$ (b geeignet), und

$$(2.75) \quad \lim_{x \downarrow x_L} \frac{(x - x_L)\, f(x)}{F(x)} = \alpha$$

Beziehung (2.75) kann etwa in Beispiel 0.2 (unter den dort gemachten Annahmen) direkt verifiziert werden:

Wählt man $h = x - x_L$ (mit $x_L = d$), so ist wegen (0.26)

$$(2.76) \quad \lim_{x \downarrow x_L} \frac{(x - x_L)\, f(x)}{F(x)} = \lim_{h \downarrow 0} \frac{h\, f(d+h)}{F(d+h)} = \lim_{h \downarrow 0} \frac{f(d+h)}{f(d)+o(1)} = 1$$

(sofern f in d rechtsseitig stetig ist), d.h. es gilt $F \in \mathcal{D}(H_{3,1})$, d.h. F liegt im Anziehungsbereich der Exponentialverteilung, wie in (0.28) direkt gezeigt wurde.

Unter (0.29) und der Annahme der rechtsseitigen Stetigkeit von $f^{(N)}(\cdot)$ in d ergibt sich allgemeiner

$$(2.77) \quad \lim_{x \downarrow x_L} \frac{(x - x_L)\, f(x)}{F(x)} = \lim_{h \downarrow 0} (N+1)!\, \frac{h\, f(d+h)}{h^{N+1}[f^{(N)}(d)+o(1)]}$$

$$\lim_{h \downarrow 0} \frac{(N+1)!}{N!}\, \frac{h^{N+1}\,[f^{(N)}(d) + o(1)]}{h^{N+1}\,[f^{(N)}(d) + o(1)]} = N+1,$$

d.h. es gilt $F \in \mathcal{D}(H_{3,N+1})$, wie in (0.31) direkt nachgewiesen wurde.

Im folgenden Abschnitt werden wir uns nun mit der Frage beschäftigen, wie schnell $P(A_n(M_n - B_n) \leq x)$ gegen $G(x)$ bzw. $P(a_n(m_n - b_n) \leq x)$ gegen $H(x)$ konvergieren. Hierbei wird sich herausstellen, daß die Konvergenzgeschwindigkeit in den Beziehungen (2.3), (2.5) bzw. (2.6) und (2.64), (2.66) bzw. (2.67) eine entscheidende Rolle spielt.

Anmerkungen zum Text. Die obigen Ausführungen sind im wesentlichen angelehnt an Leadbetter/Lindgren/Rootzén (1983), Abschnitt 1.6 und Resnick (1987), Abschnitte 1.4 und 1.5; vgl. auch Galambos (1987), Abschnitt 2.7. Der Begriff der t-Äquivalenz ist in Resnick (1987) etwas allgemeiner gefaßt; vgl. dort Beziehung (1.25) und Proposition 1.19.

Anmerkungen zur Literatur. Die Charakterisierung des Anziehungsbereiches $\mathcal{D}(G_1)$ durch (2.40) stammt bereits von v. Mises (1936); vgl. auch Gumbel (1958), S. 171. Bedingungen in der Art des Satzes 2.1 wurden insbesondere schon von Gnedenko (1943) angegeben.

Die Notwendigkeit der Bedingungen des Satzes 2.1 ist eng mit der durch Karamata in den 30er Jahren entwickelten Theorie der regulären Variation verknüpft (vgl. Bingham/Goldie/Teugels (1987) und Resnick (1987)). Speziell für die Extremwertstatistik wichtige Erweiterungen dieser Theorie stammen von de Haan (1970).

Satz 2.1 läßt sich - unter Zusatzbedingungen - völlig analog auch auf den Fall übertragen, daß die zugrundeliegenden Zufallsvariablen $\{X_n\}$ eine stationäre Folge bilden (vgl. etwa Leadbetter/Lindgren/Rootzèn (1983), Abschnitt 3.5). Neben den in Satz 1.7 gemachten Voraussetzungen ist beispielsweise

$$(2.78) \quad \lim_{n\to\infty} \sup \ n \sum_{2\le j\le \frac{n}{k}} P(A_n(X_1-B_n) > x, \ A_n(X_j-B_n) > x) \to 0 \ (k\to\infty, \ x\in\mathbb{R})$$

eine solche Bedingung. In diesem Fall stimmt das Extremwertverhalten der Folge $\{X_n\}$ sogar soweit mit dem einer unabhängigen Folge $\{X_n^*\}$ (mit Verteilungsfunktion F) überein, daß für beide Fälle dieselben normalisierenden Konstanten A_n und B_n gewählt werden können.

§ 3 Konvergenzgeschwindigkeit normalisierter Extrema unabhängiger Zufallsvariablen

Um die Brauchbarkeit von Approximationen der Verteilungen normalisierter Extrema durch die entsprechenden Grenzverteilungen (wie etwa in den Abschnitten 0 und 1 bei gewissen Modellbildungen) zu prüfen, ist es notwendig, den Abstand

$$| \ P(M_n \le \tfrac{x}{A_n} + B_n) - G(x) \ | \qquad (\text{punktweise oder gleichmäßig in x})$$

abzuschätzen. Hierzu benötigen wir einige Vorüberlegungen.

Lemma 3.1. Für $0 \le \tau < \min(2,\sqrt{2n-1}) = c_n$ gilt:

$$(3.1) \qquad \frac{\tau^2 e^{-\tau}}{2n} \le e^{-\tau} - (1 - \tfrac{\tau}{n})^n \le \frac{\tau^2 e^{-\tau}}{2n-1} \le \frac{0.6}{2n-1} \ . \qquad *)$$

Beweis: Sei $h_n(\tau) = e^{\tau}(1 - \tfrac{\tau}{n})^n$ für $0 \le \tau < c_n$.

Die ersten beiden Ungleichungen in (3.1) sind dann äquivalent zu

$$(3.2) \qquad 1 - \frac{\tau^2}{2n} \ge h_n(\tau) \ge 1 - \frac{\tau^2}{2n-1} \qquad \text{bzw.}$$

$$(3.3) \qquad \log(1 - \frac{\tau^2}{2n}) \ge \tau + n \log(1 - \tfrac{\tau}{n}) \ge \log(1 - \frac{\tau^2}{2n-1}) \ .$$

Sei $g_n(\tau) = \tau + n \log(1 - \tfrac{\tau}{n}) - \log(1 - \frac{\tau^2}{2n}), \quad 0 \le \tau < c_n$

Es ist

$$(3.4) \qquad g_n'(\tau) = 1 - \frac{1}{1 - \tfrac{\tau}{n}} + \frac{\tau}{n - \tfrac{\tau^2}{2}} = \frac{\tau^2}{2} \ \frac{\tau - 2}{(n-\tau)(n - \tfrac{\tau^2}{2})} \le 0,$$

also $g_n(\tau)$ (schwach) monoton fallend in τ mit

---

*) Für das Bestehen der beiden rechten Ungleichungen ist die Forderung $\tau \le 2$ nicht nötig; i.a. kann dann links durch 0 abgeschätzt werden.

$$(3.5) \quad g_n(0) = 0, \text{ d.h. es gilt } g_n(\tau) \leq 0 \quad (0 \leq \tau \leq c_n).$$

Setzt man analog

$$(3.6) \quad G_n(\tau) = \tau + n \log(1 - \tfrac{\tau}{n}) - \log(1 - \tfrac{\tau^2}{2n-1}), \quad 0 \leq \tau < c_n,$$

so folgt

$$(3.7) \quad G_n'(\tau) = 1 - \frac{1}{1 - \tfrac{\tau}{n}} + \frac{\tau}{(n - \tfrac{1}{2}) - \tfrac{\tau^2}{2}} = \frac{\tau}{2} \cdot \frac{(\tau-1)^2}{(n-\tau)(n - \tfrac{1}{2} - \tfrac{\tau^2}{2})} \geq 0$$

mit $G_n(0) = 0$, also

$$(3.8) \quad G_n(\tau) \geq 0, \quad 0 \leq \tau < c_n.$$

Damit ist (3.3), also auch die linke Seite von (3.1) bewiesen. Die Funktion $h(\tau) = \tau^2 e^{-\tau} (\tau > 0)$ ist nun aber maximal für $\tau = 2$ mit $h(2) = 4e^{-2} \leq 0,6$, so daß hiermit auch die rechte Seite von (3.1) folgt.

Satz 3.1. Es sei wieder $\{\gamma_n\}$ wie in (2.10). Die Funktionen $r_n(x)$ seien wie folgt definiert:

Für $F \in \mathcal{D}(G_1)$: $\quad r_n(x) = n(1 - F(\gamma_n + xg(\gamma_n))) - e^{-x} \quad (x \in \mathbb{R})$

Für $F \in \mathcal{D}(G_{2,\alpha})$: $\quad r_n(x) = n(1 - F(\gamma_n x)) - x^{-\alpha} \quad (x > 0)$

Für $F \in \mathcal{D}(G_{3,\alpha})$: $\quad r_n(x) = n(1 - F(x_R + x(x_R - \gamma_n))) - (-x)^\alpha \quad (x < 0).$ [*]

Dann gilt für genügend große n:

Für $F \in \mathcal{D}(G_1)$:

$$(3.9) \quad |P(M_n \leq g(\gamma_n)x + \gamma_n) - G_1(x)| \leq \frac{0,6}{2n-1} + e^{-e^{-x}} | e^{-r_n(x)} - 1 |$$
$$= 0 (\max(\tfrac{1}{n}, |r_n(x)|)) \quad (x \in \mathbb{R}, \, n \to \infty)$$

---

[*] allgemeiner kann $r_n(x) = n(1 - F(\tfrac{x}{A_n} + B_n)) + \log G(x)$ mit $\{A_n\}, \{B_n\}$ aus (1.65) gewählt werden

Für $F \in \mathcal{D}(G_{2,\alpha})$:

$$(3.10) \quad |P(M_n \leq \gamma_n x) - G_{2,\alpha}(x)| \leq \frac{0.6}{2n-1} + e^{-x^{-\alpha}} |e^{-r_n(x)} - 1|$$
$$= 0 \left(\max\left(\tfrac{1}{n}, |r_n(x)|\right)\right) \quad (x > 0, \; n \to \infty)$$

Für $F \in \mathcal{D}(G_{3,\alpha})$:

$$(3.11) \quad |P(M_n \leq (x_R - \gamma_n)x + x_R) - G_{3,\alpha}(x)| \leq \frac{0.6}{2n-1} + e^{-(-x)^{\alpha}} |e^{-r_n(x)} - 1|$$
$$= 0 \left(\max\left(\tfrac{1}{n}, |r_n(x)|\right)\right) \quad (x < 0, \; n \to \infty).$$

Beweis: Es sei $u_n(x)$ in den drei Fällen definiert als $\frac{x}{A_n} + B_n$ bzw. spezieller

$$(3.12) \quad u_n(x) = \begin{cases} \gamma_n + x g(\gamma_n) & , \quad F \in \mathcal{D}(G_1) \\ \gamma_n x & , \quad F \in \mathcal{D}(G_{2,\alpha}) \\ (x_R - \gamma_n) x + x_R & , \quad F \in \mathcal{D}(G_{3,\alpha}) \end{cases} \quad (n \in \mathbb{N}).$$

G bezeichne jeweils die Grenzverteilungsfunktion.

Es ist dann jeweils (in den entsprechenden Bereichen für x)

$$(3.13) \quad r_n(x) = n(1 - F(u_n(x))) + \log G(x).$$

Sei nun

$$(3.14) \quad \tau_n(x) = n(1 - F(u_n(x)) = r_n(x) - \log G(x).$$

Wegen $r_n(x) \to 0$ und $-\log(G(x)) > 0$ ist für genügend große n $\tau_n(x) \geq 0$ mit $\lim_{n \to \infty} \tau_n(x) = -\log G(x)$, so daß für diese n mit Lemma 3.1 folgt

$$(3.15) \quad 0 \leq e^{-\tau_n(x)} - F^n(u_n(x)) \leq \frac{0.6}{2n-1}, \; \text{also}$$

$$(3.16) \quad |F^n(u_n(x)) - G(x)| \leq |e^{-\tau_n(x)} - G(x)| + |e^{-\tau_n(x)} - F^n(u_n(x))|$$
$$\leq \frac{0.6}{2n-1} + G(x) |e^{-r_n(x)} - 1|.$$

Wegen $G(x) \leq 1$ kann übrigens auch global

$$(3.17) \quad |F^n(u_n(x)) - G(x)| \leq \frac{0.6}{2n-1} + 2 |r_n(x)|$$

für genügend große n abgeschätzt werden (so daß $0 \le r_n(x) - \log G(x) < \min(2, \sqrt{2n-1})$ und z.B. $|r_n(x)| \le 1$).

Beispiel 3.1. (Exponentialverteilung)

Es sei $F(x) = 1 - e^{-\lambda x}$, $x > 0$ ($\lambda > 0$).

Hier ist $F \in \mathcal{D}(G_1)$ mit

$$(3.18) \quad g(t) = \int_t^\infty e^{-\lambda(u-t)}\, du = \frac{1}{\lambda}$$

und

$$(3.19) \quad r_n(x) = n(1 - F(\gamma_n + \tfrac{x}{\lambda})) - e^{-x} = n e^{-(\lambda\gamma_n + x)} - e^{-x} \equiv 0 \qquad (x > -\log n),$$

also

$$(3.20) \quad |\, P(M_n \le \tfrac{x}{\lambda} + \tfrac{\log n}{\lambda}) - e^{-e^{-x}}\,| \le \frac{0,6}{2n-1}, \quad x > -\log n .$$

Man beachte, daß für $x > 0$ mit (3.1) auch gilt:

$$\frac{e^{-2x} e^{-e^{-x}}}{2n} \le |\, P(M_n \le \tfrac{x}{\lambda} + \tfrac{\log n}{\lambda}) - e^{-e^{-x}}\,| ,$$

also die Konvergenzordnung $O(\frac{1}{n})$ hier exakt ist.

Beispiel 3.2. (Normalverteilung)

Mit der Wahl von γ_n aus (2.53) und $g(t) = \frac{1}{t}$ ($t > 0$) ergibt sich

$$(3.21) \quad c_n(x) = n \frac{f(\gamma_n + \tfrac{x}{\gamma_n})}{\gamma_n + \tfrac{x}{\gamma_n}} = \frac{\gamma_n^2}{\gamma_n^2 + x} \exp(-\frac{x^2}{2\gamma_n^2} + O(\frac{\log\log n}{\log n})) e^{-x},$$

also wegen (2.46)

$$(3.22) \quad (1 - \frac{1}{(\gamma_n + \tfrac{x}{\gamma_n})^2}) c_n(x) - e^{-x} \le r_n(x) \le c_n(x) - e^{-x}$$

und damit

$$(3.23) \quad |r_n(x)| \leq e^{-x}\left(\frac{\gamma_n^2}{\gamma_n^2 + x}\left(1 + O\left(\frac{\log \log n}{\log n}\right)\right) - 1\right)$$

$$= e^{-x}\left(\frac{x}{\gamma_n^2 + x} + O\left(\frac{\log \log n}{\log n}\right)\right) = O\left(\frac{\log \log n}{\log n}\right) \; (n \to \infty),$$

so daß

$$(3.24) \quad |P(M_n \leq \frac{x}{\gamma_n} + \gamma_n) - G_1(x)| = O\left(\frac{\log \log n}{\log n}\right) \; (n \to \infty).$$

Diese Konvergenzordnung läßt sich noch zu $O\left(\frac{1}{\gamma_n^2}\right) = O\left(\frac{1}{\log n}\right)$ $(n \to \infty)$ verbessern, wenn γ_n aus (2.52) (ohne $o(1)$ - Term) bestimmt wird, wie man aus (3.23) schließen kann. Eine darüberhinausgehende Verbesserung der Konvergenzordnung ist allerdings nicht zu erreichen, gleichgültig, wie die normalisierenden Konstanten gewählt werden (vgl. auch Hall (1979)).

Beispiel 3.3. (Gamma-Verteilung)

Eine analoge Rechnung wie in Beispiel 3.2. zeigt (unter Verwendung von (2.57) und (2.63)):

$$(3.25) \quad |r_n(x)| = e^{-x}\left[\left(\frac{\gamma_n + x}{\log n}\right)^{\alpha - 1} - 1 + O\left(\frac{1}{\gamma_n}\right)\right]$$

$$= O\left(\left(1 + \frac{(\alpha - 1) \log \log n}{\log n}\right)^{\alpha - 1} - 1\right) = O\left(\frac{\log \log n}{\log n}\right) \; (n \to \infty)$$

für $\alpha \neq 1$.

Für $\alpha = 1$ (d.h. Exponentialverteilung, Beispiel 3.1) ist als Konvergenzordnung dagegen $O\left(\frac{1}{n}\right)$ $(n \to \infty)$ erreichbar.

I.a. läßt sich also feststellen, daß die Konvergenzordnung für normalisierte Extrema sehr schlecht sein kann (im Gegensatz zur vergleichbaren Situation des zentralen Grenzwertsatzes für die schwache Konvergenz normalisierter Summen (vgl. (0.2)), wo die Berry-Esséen-Schranke von der Ordnung $O\left(\frac{1}{\sqrt{n}}\right)$ $(n \to \infty)$ ist (vgl. Gänssler-Stute (1977), Satz 4.2.10.).

Entsprechendes gilt analog für den Fall normalisierter Minima. Aus Symmetriegründen ist etwa im Fall der Normalverteilung (Beispiel 3.2.)

$$(3.26) \quad |P(m_n \leq \tfrac{x}{\gamma_n} - \gamma_n) - H_1(x)| = 0(\tfrac{\log \log n}{\log n}) \quad (x \in \mathbb{R}, \ n \to \infty)$$

wobei wieder γ_n aus (2.53) zu bestimmen ist.
Im Fall der Exponentialverteilung (Beispiel 3.1.) gilt sogar

$$(3.27) \quad P(m_n \leq \tfrac{x}{n\lambda}) \equiv H_{3,1}(x) \quad (x \in \mathbb{R}, \ n \in \mathbb{N}),$$

wogegen für Gamma-Verteilungen folgt

$$(3.28) \quad |P(m_n \leq \tfrac{x}{a_n}) - H_{3,\alpha}(x)| \leq \tfrac{0,6}{2n-1} + 0(n^{-1/\alpha}) \quad (x > 0, \ n \to \infty)$$

für $\alpha \in \mathbb{N}$, $\alpha \geq 2$, wobei $a_n = \sqrt[\alpha]{\tfrac{n}{\alpha!}}$ $(n \in \mathbb{N})$.
(Dies ergibt sich z.B. unter Verwendung von Beispiel 0.2. (mit $N = \alpha - 1$)
und Lemma 3.1., angewandt auf

$$\tau = n \ F(\tfrac{x}{a_n}) = x^\alpha + 0(n^{-1/\alpha}) \quad (n \to \infty).)$$

Für $\alpha \geq 2$ ist die Konvergenzgeschwindigkeit in (3.28) also von der Ordnung $0(n^{-1/\alpha})$ $(n \to \infty)$.

Eine andere Variante von Satz 3.1. werden wir noch in Abschnitt 6 kennenlernen.

Bisher haben wir die Konvergenzgeschwindigkeit für $|P(M_n \leq \tfrac{x}{A_n} + B_n) - G(x)|$ nur punktweise in x abgeschätzt. Tatsächlich liegt aber gleichmäßige Konvergenz gegen die Extremwertverteilungsfunktionen G vor, wie sich aus dem folgenden Satz ergibt.

Satz 3.2. Es sei G eine (beliebige) stetige Verteilungsfunktion und $\{F_n\}$ eine Folge von Verteilungsfunktionen mit $G(x) = \lim\limits_{n \to \infty} F_n(x)$ für alle $x \in \mathbb{R}$ (schwache Konvergenz). Dann konvergiert die Folge $\{F_n\}$ gleichmäßig gegen G, d. h. es gilt

(3.29) $\sup\limits_{x \in \mathbb{R}} | F_n(x) - G(x) | \to 0 \ (n \to \infty)$.

Beweis: Wegen der Monotonie von G und den Eigenschaften $\lim\limits_{x \to \infty} G(x) = 1$, $\lim\limits_{x \to -\infty} G(x) = 0$ existiert zu beliebigem $\varepsilon > 0$ eine Zahl $M_\varepsilon > 0$ derart, daß

(3.30) $G(x) \le \varepsilon$ und $1 - G(x) \le \varepsilon$ für $|x| \ge M_\varepsilon$.

Auf dem (kompakten) Intervall $[-M_\varepsilon, M_\varepsilon]$ ist G nun aber gleichmäßig stetig, d. h. zu ε existiert eine Zahl δ_ε mit der Eigenschaft

(3.31) $| G(x) - G(y) | \le \varepsilon$ für $| x-y | \le \delta_\varepsilon$.

Sei nun $N_\varepsilon \in \mathbb{N}$ so gewählt, daß $N_\varepsilon \ge \dfrac{2M_\varepsilon}{\delta_\varepsilon}$. Wählt man $x_k = -M_\varepsilon + \dfrac{2M_\varepsilon}{N_\varepsilon} k$, $0 \le k \le N_\varepsilon$, sowie

$$A_k = \begin{cases} (-\infty, -M_\varepsilon] \, , & k = 0 \\ [x_{k-1}, x_k] \, , & 1 \le k \le N_\varepsilon \\ [M_\varepsilon, \infty) \, , & k = N_\varepsilon + 1 \, , \end{cases}$$

so gilt also zunächst $| G(x) - G(y) | \le \varepsilon$, wenn $x, y \in A_k$ für ein $k = 0,1,\ldots,$ $N_\varepsilon + 1$. Für $k = 1,2,\ldots, N_\varepsilon$ sei nun $n_{k\varepsilon}$ so gewählt, daß

(3.32) $|F_n(x_k) - G(x_k) | \le \varepsilon$ und $| F_n(x_{k-1}) - G(x_{k-1}) | \le \varepsilon$ für $n \ge n_{k\varepsilon}$,

was wegen der vorausgesetzten Konvergenz von $\{F_n\}$ möglich ist. Beziehung (3.32) gilt dann auch für $n \ge n_\varepsilon = \max \{n_{k\varepsilon} \mid 1 \le k \le N_\varepsilon\}$. Wegen der Monotonie aller F_n gilt dann aber für $n \ge n_\varepsilon$:

(3.33) $|F_n(x) - G(x) | \le 2\varepsilon$,

wenn $x \in A_k$ für ein $k = 0,1,\ldots, N_\varepsilon + 1$, und somit wegen $\mathbb{R} = \bigcup\limits_{k=0}^{N_\varepsilon+1} A_k$ für beliebiges $x \in \mathbb{R}$. Damit ist die Konvergenz von $\{F_n\}$ gleichmäßig.

Ein Beispiel für eine gleichmäßige Konvergenzabschätzung liefert im Fall der Exponentialverteilung (Beispiel 3.1) etwa Beziehung (3.20); wobei nur noch das Konvergenzverhalten für $x \leq - \log n$ zu untersuchen ist: in diesem Bereich gilt aber:

$$(3.34) \quad | \, P(M_n \leq \tfrac{x}{\lambda} + \tfrac{\log n}{\lambda}) - e^{-e^{-x}} \, | = e^{-e^{-x}} \leq e^{-e^{\log n}} = e^{-n} \, ,$$

so daß insgesamt folgt

$$(3.35) \quad \sup_{x \in \mathbb{R}} | \, P(M_n \leq \tfrac{x}{\lambda} + \tfrac{\log n}{\lambda}) - e^{-e^{-x}} \, | \leq \tfrac{0.6}{2n-1}, \quad n \in \mathbb{N}.$$

Beispiel 3.4. (Gleichverteilung)

$$\text{Es sei } F(x) = \begin{cases} 0, & x \leq 0 \\ x, & 0 \leq x \leq 1 \\ 1, & x \geq 1 \end{cases} \quad \text{, so daß } x_R = 1 \, .$$

Nach Satz 2.1 gilt $F \in \mathcal{D}(G_{3,\alpha})$ mit $\alpha = 1$ und $\gamma_n = 1 - \tfrac{1}{n}$, so daß $A_n = n$, $B_n = 1$ und

$$(3.36) \quad r_n(x) = n \, (1 - F(x_R + x(x_R - \gamma_n))) + x = 0 \quad \text{für } -n \leq x < 0.$$

Wegen $P(M_n \leq \tfrac{x}{n} + 1) = 1 = G_{3,1}(x)$ für $x \geq 0$ bleibt nur noch der Bereich $x \leq -n$ zu untersuchen. Dort gilt:

$$(3.37) \quad | \, P(M_n \leq \tfrac{x}{n} + 1) - G_{3,1}(x) \, | = G_{3,1}(x) = e^x \leq e^{-n} \, ,$$

so daß insgesamt - analog zum Beispiel der Exponentialverteilung - wieder folgt

$$(3.38) \quad \sup_{x \in \mathbb{R}} | \, P(M_n \leq \tfrac{x}{n} + 1) - G_{3,1}(x) \, | \leq \tfrac{0.6}{2n-1} \, , \quad n \in \mathbb{N}.$$

Setzt man voraus, daß die Verteilungsfunktion F genügend glatt ist, so lassen sich genauere Untersuchungen (die wesentlichen Gebrauch von Satz 2.2 machen) bezüglich der gleichmäßigen Konvergenzrate anstellen; vgl. etwa Resnick (1987), Abschnitt 2.4.

Wir wollen hier exemplarisch nur die Situation der Beispiele 0.2 und 0.4 aufgreifen und dafür voraussetzen, daß neben der Bedingung (0.29) noch gilt: F ist (N+2) – mal stetig differenzierbar mit

$$(3.39) \quad |\, f^{(N+1)}(x) \,| \le M < \infty \quad \text{für } d \le x \le D.$$

Dann gilt mit $a_n = \sqrt[N+1]{n \, \dfrac{f^{(N)}(d)}{(N+1)!}}$ $(n \in \mathbb{N})$ für $n \ge \frac{1}{2}(D^{2N+2}+1)$:

$$(3.40) \quad \sup_{x \in \mathbb{R}} |\, P(m_n \le \tfrac{x}{a_n} + d) - H_{3,N+1}(x) \,| \le$$

$$\frac{0.6}{2n-1} + \max \left\{ n^{-1/(N+1)} \frac{D^{N+2}}{N+2} \frac{M}{\min\,(1,f^{(N)}(d))} \,,\, e^{-[n \frac{f^{(N)}(d)}{(N+1)!} (D-d)^{N+1}]} \right\}$$

Zum Beweis dieser Beziehung wird das folgende Hilfsresultat benötigt:

Lemma 3.2. Für Zahlen a, b mit $|a|, |b| \le 1$ gilt:

$$(3.41) \quad |\, a^n - b^n \,| \le n \,|\, a-b \,| \quad \text{für alle } n \in \mathbb{N}.$$

Beweis: Es ist $|\, a^n - b^n \,| \le |\, a-b \,| \sum_{k=0}^{n-1} |\, b^k a^{n-k-1} \,| \le n \,|\, a-b \,|$.

Beziehung (3.40) ergibt sich nun folgendermaßen:
Es ist analog (0.31) für $0 < x \le \varphi_n = a_n(D-d)$ und $n \ge \frac{1}{2}(D^{2N+2}+1)$:

$$(3.42) \quad |\, P(m_n \le \tfrac{x}{a_n} + d) - H_{3,N+1}(x) \,| \; = \; |\, (1 - F(d+\tfrac{x}{a_n}))^n - e^{-x^{(N+1)}} \,| \; =$$

$$|\, (1 - (\tfrac{x}{a_n})^{N+1} \frac{f^{(N)}(d)}{(N+1)!} - R_N)^n - e^{-x^{(N+1)}} \,| \; \le$$

$$|\, (1 - \tfrac{x^{N+1}}{n})^n - (1 - \tfrac{x^{N+1}}{n} - R_N)^n \,| \; + \; |\, (1 - \tfrac{x^{N+1}}{n})^n - e^{-x^{(N+1)}} \,| \; \le$$

$$n \,|R_N| + \frac{0.6}{2n-1} \quad \text{(nach Lemma 3.1) mit}$$

$$(3.43) \quad R_N = \int_d^{d+\frac{x}{a_n}} \frac{(d + \frac{x}{a_n} - t)^{N+1}}{(N+1)!} \, f^{(N+1)}(t) \, dt,$$

was

$$(3.44) \quad |R_N| \le (\tfrac{x}{a_n})^{N+2} \frac{M}{(N+2)!} \le \frac{D^{N+2}}{N+2} \frac{M}{\min\,(1,f^{(N)}(d))} \, n^{-\frac{N+2}{N+1}}$$

nach sich zieht.

Für $x > \varphi_n$ und $n \geq \frac{1}{2}(D^{2N+2}+1)$ ist ferner

$$(3.45) \quad |\,(1 - F(d + \tfrac{x}{a_n}))^n - e^{-x^{(N+1)}}\,| = e^{-x^{(N+1)}} \leq e^{-\varphi_n^{(N+1)}}$$

Für $x \leq 0$ ist dagegen

$$(3.46) \quad |\, P(m_n \leq \tfrac{x}{a_n} + d) - H_{3,N+1}(x)\,| \equiv 0, \quad \text{so daß}$$

mit (3.42), (3.44) und (3.45) Beziehung (3.40) folgt.

Legt man etwa für Beispiel 0.4 ein Weibull-Modell mit Parameter $\alpha = N+1 = 3$ für die Grenzverteilung zugrunde und macht die (willkürliche, aber plausible) Annahme, daß $d = 0{,}3$, $D = 0{,}6$, $M = 10$, $f''(d) \geq 0{,}1$, so erhält man für $n \geq 10^6$ gemäß (3.40) eine maximale Abweichung der Verteilungsfunktion des Minimuns zur Grenzverteilungsfunktion von 0,033. (Man beachte dabei, daß wegen der Avogadro-Konstanten die Anzahl der Moleküle in der Blechprobe um einige Zehnerpotenzen über 10^6 liegt! Für $n \geq 10^9$ liegt die Abweichung entsprechend eine Zehnerpotenz niedriger.)

Anmerkung zum Text. Lemma 3.1. ist eine leichte Verschärfung von Lemma 2.4.1. in Leadbetter/Lindgren/Rootzèn (1983). Ein modifizierter Beweis von Satz 3.2 findet sich in Galambos (1987), Lemma 2.10.1.

Anmerkungen zur Literatur. Neben punktweisen und gleichmäßigen Konvergenzuntersuchungen bezüglich der Verteilungsfunktionen ist auch (lokal gleichmäßige) Dichtenkonvergenz sowie Konvergenz von Momenten untersucht worden (vgl. hierzu insbesondere Resnick (1987), Abschnitte 2.2. und 2.1.). So ist beispielsweise unter gewissen Regularitätsbedingungen eine Normalisierung der Extrema durch Erwartungswert und Varianz möglich (Resnick (1987), Corollary 2.3); vgl. hierzu auch Beispiel 0.1.
Im Zusammenhang mit Konvergenzgeschwindigkeitsuntersuchungen für Extrema hat sich ein eigenartiges Phänomen herausgestellt, welches unter der Bezeichnung "penultimatives Verhalten" bekannt ist und schon von Fisher und Tippett (1928) entdeckt wurde. Es ist nämlich in gewissen Fällen möglich,

daß für "kleine" und "mittlere" Werte von n eine Approximation von $\max(X_1,...,X_n)$ bzw. $\min(X_1,...X_n)$ durch eine andere (penultimative) Extremwertverteilung als die zugehörige (ultimative) Grenzverteilung im Sinne des gleichmäßigen Abstands günstiger ist. Eine neuere Diskussion dieses Sachverhalts wird z. B. in Gomes und Pestana (1987) geführt; vgl. auch die dort angegebenen Literaturhinweise.

§ 4. Strukturelle Eigenschaften von Extrema unabhängiger Zufallsvariablen: Rekorde

In diesem Abschnitt wollen wir uns näher mit Strukturfragen für Maxima und Minima beschäftigen. Dazu betrachten wir zunächst die streng monotonen Teilfolgen dieser Extrema, bzw. die Zeitpunkte, an denen sich die aktuellen Werte dieser Extrema ändern.

Definition 4.1. Sei $\{X_n\}$ eine unabhängige Folge von Zufallsvariablen mit gemeinsamer Verteilungsfunktion F. Ferner sei $x_R = \infty$ ($x_L = -\infty$) oder x_R (x_L) ein Stetigkeitspunkt von F. Die durch

$$U_o = 1, \quad U_{n+1} = \inf\{k \mid X_k > X_{U_n}\}$$

(4.1) $\qquad (n \geq 0)$

$$L_o = 1, \quad L_{n+1} = \inf\{k \mid X_k < X_{L_n}\}$$

definierten Zufallsvariablen (mit $\inf(\emptyset) = \infty$ und $X_\infty = \infty$ (bzw. $X_\infty = -\infty$)) heißen obere (untere) Rekordzeiten für die Maxima (Minima) von $\{X_n\}$.[*]
Die durch

$$(4.2) \quad \Delta_o = 1, \quad \Delta_n = U_n - U_{n-1} \quad (\text{bzw. } L_n - L_{n-1}), \; n \geq 1$$

definierten Zufallsvariablen (mit $\Delta_n = \infty$, falls $U_{n-1} = \infty$ bzw. $L_{n-1} = \infty$) heißen Zwischenrekordzeiten.
Die zugehörigen Zufallsvariablen $\{X_{U_n}\}$ ($\{X_{L_n}\}$) heißen obere (untere) Rekorde von $\{X_n\}$.[**]

Zunächst wollen wir uns überlegen, daß unter den gemachten Annahmen der Entartungsfall $U_n = \infty$ ($L_n = \infty$) nur mit Wahrscheinlichkeit 0 auftreten kann; entsprechend für $\Delta_n = \infty$.

---

[*] aus dem engl. "upper (lower) record times"

[**] In Anlehnung an den entsprechenden Begriff aus dem Sportbereich. Die Meßbarkeit von X_{U_n} und X_{L_n} ergibt sich aus Meßbarkeitseigenschaften der U_n bzw. L_n (vgl. (4.9) und (A1.36) (Anhang)).

Lemma 4.1. Unter den Voraussetzungen von Definition 4.1 gilt:

$$(4.3) \quad P(U_n = \infty) = P(L_n = \infty) = P(\Delta_n = \infty) = 0 \text{ für alle } n \geq 0.$$

Beweis: Wir führen den Beweis induktiv.

Für $n = 0$ ist nichts zu zeigen. Sei also (4.3) erfüllt für ein $n \geq 0$. Dann gilt:

$$(4.4) \quad P(U_{n+1} = \infty) = P(U_n = \infty) + \sum_{k=1}^{\infty} P(\{U_n = k\} \cap \bigcap_{j=k+1}^{\infty} \{X_j \leq X_k\})$$

$$\leq \sum_{k=1}^{\infty} P(\bigcap_{j=k+1}^{\infty} \{X_j \leq X_k\}) = 0$$

wegen

$$(4.5) \quad P(\bigcap_{j=2}^{\infty} \{X_j \leq X_1\}) = 0$$

(was für die letzte Gleichheit wegen der Unabhängigkeit und identischen Verteilung der $\{X_n\}$ hinreicht). Letzteres sieht man z.B. so: Sei $\varepsilon > 0$. Dann existiert ein $x_\varepsilon < x_R$ so, daß

$$(4.6) \quad 0 < P(X_1 > x_\varepsilon) := \delta \leq \varepsilon.$$

Es folgt für jedes $m \geq 2$

$$(4.7) \quad P(\bigcap_{j=2}^{m} \{X_j \leq X_1\}) \leq P(X_1 > x_\varepsilon) + P(\bigcap_{j=2}^{m} \{X_j \leq x_\varepsilon\})$$

$$\leq \varepsilon + F^{m-1}(x_\varepsilon) \leq \varepsilon + (1 - \delta)^{m-1}, \text{ so daß}$$

$$(4.8) \quad P(\bigcap_{j=2}^{\infty} \{X_j \leq X_1\}) = \lim_{m \to \infty} P(\bigcap_{j=2}^{m} \{X_j \leq X_1\}) \leq \varepsilon.$$

Da $\varepsilon > 0$ beliebig war, folgt also (4.5) und damit die Behauptung für $\{U_n\}$. Im Fall von $\{L_n\}$ und $\{\Delta_n\}$ argumentiert man völlig analog.

Die $\{U_n\}$ ($\{L_n\}$) geben also die Zeitpunkte an, bei denen sich die aktuellen Werte der Maxima (Minima) ändern; die $\{X_{U_n}\}$ ($\{X_{L_n}\}$) sind die zugehörigen (neuen) Werte dieser Extrema. Offensichtlich besteht folgender Zusammenhang:

$$(4.9) \quad \left.\begin{array}{l} M_k = X_{U_n} \\[2em] m_k = X_{L_n} \end{array}\right\} \text{für} \left\{\begin{array}{l} U_n \le k < U_{n+1} \\[2em] L_n \le k < L_{n+1} \end{array}\right. \qquad (n \ge 0).$$

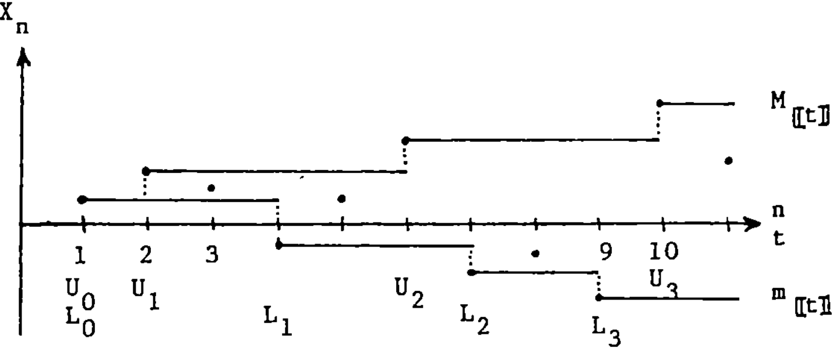

Aus der Folge $\{(U_n, X_{U_n})\}$ bzw. $\{(L_n, X_{L_n})\}$ ist also die Folge $\{M_n\}$ bzw. $\{m_n\}$ eindeutig rekonstruierbar (und umgekehrt).

Wir wollen nun zunächst die Struktur der Folgen $\{U_n\}$ und $\{L_n\}$ genauer untersuchen. Diese ist aufgrund der Definition 4.1 offensichtlich dieselbe, und bei Stetigkeit von F auch unabhängig von F. Ist nämlich z.B. F streng monoton im Bereich (x_L, x_R), so bleiben die Folgen $\{U_n\}$ und $\{L_n\}$ genau dieselben auch für die Extrema der neuen Folge $\{F(X_n)\}$, welche gemäß Lemma 1.2 nun $\mathcal{R}(0,1)$ – verteilt ist. Entsprechendes gilt (verteilungsmäßig) auch für den allgemeinen Fall, da bei Stetigkeit von F Bindungen (d.h. die Situation $X_j = X_k$ für $j \ne k$) nur mit Wahrscheinlichkeit 0 auftreten, also die Werte von $\{X_n\}$ und damit auch die von $\{F(X_n)\}$ fast sicher sämtlich verschieden sind.

Das folgende Resultat zeigt die Markoff-Struktur der Rekordzeiten $\{U_n\}$ bzw. $\{L_n\}$.

Satz 4.1. Sei $\{X_n\}$ eine unabhängige Folge mit stetiger Verteilungsfunktion F. Dann sind $\{U_n\}$ und $\{L_n\}$ homogene Markoffketten mit

$$(4.10) \quad P(U_{n+1} = k \mid U_n = j) = P(L_{n+1} = k \mid L_n = j) = \frac{j}{k(k-1)}, \quad 1 \le j < k$$

und

$$(4.11) \quad P(U_1 = k) = P(L_1 = k) = \frac{1}{k(k-1)} , \quad k \geq 2.$$

Beweis: Gemäß obigen Ausführungen können wir $\{X_n\}$ als $\mathcal{R}(0,1)$-verteilt annehmen.

Wir zeigen zunächst (4.11). Es gilt für $k \geq 2$

$$(4.12) \quad P(U_1 = k) = P(X_2,\ldots,X_{k-1} \leq X_1 < X_k)$$

$$= P(\{X_2,\ldots,X_{k-1}) \in B_{k-1}(X_1)\} \cap \{X_1 < X_k\}) \text{ mit}$$

$$B_j(x_1) = \{(x_2,\ldots,x_j) \in [0,1]^{j-1} \mid x_2,\ldots,x_j \leq x_1\} = [0,x_1]^{j-1}, \quad j \geq 2, \; 0 \leq x_1 \leq 1$$

$$(B_1(x_1) = [0,1]),$$

also

$$(4.13) \quad P(U_1 = k) = \int_o^1 \int_o^{x_k} \ldots \int_{B_{k-1}(x_1)} \ldots \int dx_2 \ldots dx_{k-1} \, dx_1 \, dx_k =$$

$$\int_o^1 \int_o^{x_k} x_1^{k-2} \, dx_1 \, dx_k = \int_o^1 \frac{x_k^{k-1}}{k-1} \, dx_k = \frac{1}{k(k-1)} .$$

Sei nun $1 < k_1 < \ldots < k_n$ Dann ist analog (mit $k_o = 1$)

$$(4.14) \quad P(\bigcap_{i=1}^n \{U_i = k_i\}) = P(\{(X_2,\ldots,X_{k_1-1}) \in B_{k_1-1}(X_1)\} \cap \ldots$$

$$\ldots \bigcap_{i=1}^{n-1} \{(X_{k_i-1}, X_{k_i+1},\ldots,X_{k_{i+1}-1}) \in B_{k_{i+1}-k_i+1}(X_{k_i})\} \cap \{X_{k_{n-1}} < X_{k_n}\})$$

$$= \int_o^1 \int_o^{x_{k_n}} \int_{B_{k_n-k_{n-1}+1}(x_{k_{n-1}})} \ldots \int \ldots \int_{B_{k_1-1}(x_1)} \ldots \int dx_2 \ldots dx_{k_1-1} dx_1 dx_{k_1+1} \ldots dx_{k_{n-1}} dx_{k_n}$$

$$= \int_o^1 \int_o^{x_{k_n}} x_{k_{n-1}}^{k_n-k_{n-1}-1} \int_o^{x_{k_{n-1}}} x_{k_{n-2}}^{k_{n-1}-k_{n-2}-1} \int_o^{x_{k_{n-2}}} \ldots x_{k_1}^{k_2-k_1-1} \int_o^{x_{k_1}} x_1^{k_1-2} dx_1 dx_{k_1} \ldots dx_{k_{n-1}} dx_{k_n}$$

$$= \int_0^1 \int_0^{x_{k_n}} x_{k_{n-1}}^{k_n-k_{n-1}-1} \int_0^{x_{k_{n-1}}} \cdots x_{k_2}^{k_3-k_2-1} \int_0^{x_{k_2}} \frac{x_{k_1}^{k_2-2}}{k_1-1}\, dx_{k_1}\cdots dx_{k_n}$$

$$= \cdots = \int_0^1 \int_0^{x_{k_n}} \frac{x_{k_{n-1}}^{k_n-2}}{(k_1-1)(k_2-1)\cdots(k_{n-1}-1)}\, dx_{k_{n-1}}\, dx_{k_n}$$

$$= \prod_{l=1}^{n} \frac{1}{k_l-1} \int_0^1 x^{k_n-1}\, dx = \frac{1}{k_n} \prod_{l=1}^{n} \frac{1}{k_l-1}$$

$$= \frac{k_n-1}{k_n(k_n-1)} \; \frac{1}{k_{n-1}} \prod_{l=1}^{n-1} \frac{1}{k_l-1}$$

$$= \frac{k_n-1}{k_n(k_n-1)} \; P\Big(\bigcap_{l=1}^{n-1} \{U_l = k_l\}\Big).$$

Damit folgt (4.10) sowie die Aussage des Satzes aus Lemma A1.2 (Anhang).

Eine andere, anschauliche Vorstellung der Folgen $\{U_n\}$ und $\{L_n\}$ gibt der folgende Satz.

__Satz 4.2.__ Sei unter den Voraussetzungen von Satz 4.1 die Folge $\{I_n\}$ definiert durch

$$(4.15) \quad I_n = \begin{cases} 1, X_n > M_{n-1} & \text{(d.h. } U_k = n \text{ für ein } k \in \mathbb{N}) \\[2mm] 0, \text{ sonst} & (n \ge 2) \end{cases}$$

mit $I_1 \equiv 1$. Dann gilt:

$\{I_n\}$ ist eine unabhängige Folge mit

$$(4.16) \quad P(I_n = 1) = 1 - P(I_n = 0) = \frac{1}{n},\ n \in \mathbb{N}.$$

Beweis: Für $1 < k_1 < \ldots < k_n$ sei $J_n = \{1,\ldots,k_n\} \setminus \{k_1,\ldots,k_n\}$. Dann ist

$$(4.17) \quad \bigcap_{l=1}^{n} \{U_l = k_l\} = \bigcap_{l=1}^{n} \{I_{k_l} = 1\} \cap \bigcap_{j \in J_n} \{I_j = 0\}$$

sowie

$$(4.18) \quad \bigcap_{l=1}^{n-1} \{U_l = k_l\} \cap \{U_n > k_n\} = \{I_{k_n} = 0\} \cap \bigcap_{l=1}^{n-1} \{I_{k_l} = 1\} \cap \bigcap_{j \in J_n} \{I_j = 0\}$$

und daher mit (4.14)

$$(4.19) \quad P(I_{k_n} = 1, I_{k_{n-1}} = \ldots = I_{k_1} = 1, I_j = 0, j \in J_n) =$$

$$P(\bigcap_{l=1}^{n} \{U_l = k_l\}) = \frac{1}{k_n} \prod_{l=1}^{n} \frac{1}{k_l - 1}$$

sowie

$$(4.20) \quad P(I_{k_n} = 0, I_{k_{n-1}} = \ldots = I_{k_1} = 1, I_j = 0, j \in J_n) =$$

$$P(\bigcap_{l=1}^{n-1} \{U_l = k_l\} \cap \{U_n > k_n\}) = \prod_{l=1}^{n-1} \frac{1}{k_l - 1} \sum_{m > k_n} \frac{1}{m(m-1)}$$

$$= \prod_{l=1}^{n-1} \frac{1}{k_l - 1} \sum_{m > k_n} (\frac{1}{m-1} - \frac{1}{m}) = \frac{1}{k_n} \prod_{l=1}^{n-1} \frac{1}{k_l - 1} ,$$

also

$$(4.21) \quad P(I_{k_{n-1}} = \ldots = I_{k_1} = 1, I_j = 0, j \in J_n) =$$

$$\frac{1}{k_n} \left(\prod_{l=1}^{n} \frac{1}{k_l - 1} + \prod_{l=1}^{n-1} \frac{1}{k_l - 1} \right) = \prod_{l=1}^{n} \frac{1}{k_l - 1} ,$$

also

$$(4.22) \quad P(I_{k_n} = 1 \mid I_{k_{n-1}} = \ldots = I_{k_1} = 1, I_j = 0, j \in J_n) = \frac{\frac{1}{k_n} \prod_{l=1}^{n} \frac{1}{k_l - 1}}{\prod_{l=1}^{n} \frac{1}{k_l - 1}} = \frac{1}{k_n} ,$$

unabhängig von $k_1,\ldots,k_{n-1}$.

Da $1 < k_1 < \ldots < k_n$ beliebig waren und die rechte Seite von (4.22) unabhängig von $k_1,\ldots,k_{n-1}$ ist, folgt damit die Behauptung.

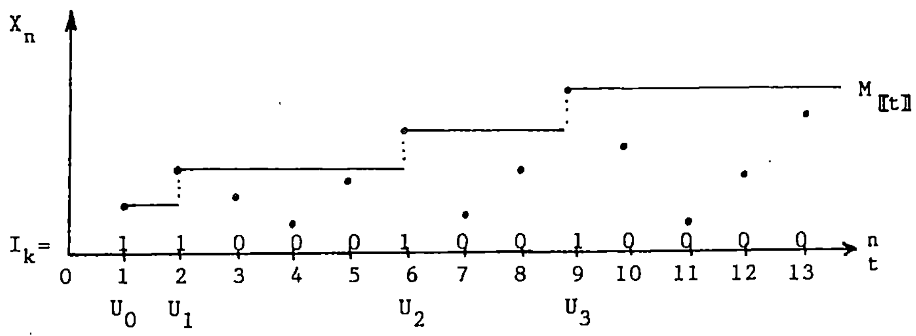

Satz 4.2 gilt natürlich auch entsprechend für Minima, wenn man statt (4.15) die $\{I_n\}$ durch

$$(4.23) \quad I_n = \begin{cases} 1, X_n < m_{n-1} & (\text{d.h. } L_k = n \text{ für } k \in \mathbb{N}) \\ \\ 0, \text{ sonst} & (n \geq 2) \end{cases}$$

definiert.

Satz 4.2 erlaubt damit sofort auch Aussagen über die Anzahl $S_n = \sum_{k=1}^{n} I_k$ $(n \in \mathbb{N})$ von Rekorden in einer Folge von n unabhängigen Beobachtungen $X_1,\ldots,X_n$. Es ist nämlich

$$(4.24) \quad E(S_n) = \sum_{k=1}^{n} \frac{1}{k} = \log n + C + o(1) \qquad (n \to \infty)$$

$$(4.25) \quad Var(S_n) = \sum_{k=1}^{n} \left(\frac{1}{k} - \frac{1}{k^2}\right) = \log n + C - \frac{\pi^2}{6} + o(1) \quad (n \to \infty)$$

(vgl. Beziehungen (0.17) und (0.18)), so daß sich aufgrund des zentralen Grenzwertsatzes sowie des Gesetzes der großen Zahlen ergibt:

Satz 4.3. (Rényi) Unter den Voraussetzungen von Satz 4.1 gilt:

$$(4.26) \quad \lim_{n \to \infty} P\left(\frac{S_n - \log n}{\sqrt{\log n}} \leq x\right) = \Phi(x) \quad (x \in \mathbb{R})$$

$$(4.27) \quad \lim_{n \to \infty} \frac{S_n}{\log n} = 1 \quad \text{fast sicher.}$$

Beweis: Da die I_k unabhängig und beschränkt sind und $\lim_{n \to \infty} \text{Var}(S_n) = \infty$ gilt, folgt (4.26) z.B. nach Bauer (1974), Beispiel 3, Seite 269.

Wegen $\dfrac{S_n - \log n}{\log n} = \dfrac{S_n - E(S_n)}{\log n} + \dfrac{E(S_n) - \log n}{\log n} = \dfrac{S_n - E(S_n)}{\log n} + o(1)$

folgt Beziehung (4.27) z.B. nach Bauer (1974), Bedingung (61.7) aus der Konvergenz der Reihe $\displaystyle\sum_{n=2}^{\infty} \frac{\text{Var}(I_n)}{\log^2 n} \leq \sum_{n=2}^{\infty} \frac{1}{n \log^2 n} < \infty$, was etwa durch Vergleich

mit dem Integral $\displaystyle\int_2^{\infty} \frac{1}{x \log^2 x}\, dx = \int_{\log 2}^{\infty} \frac{1}{y^2}\, dy < \infty$ evident ist.

Bemerkung. Die durch (4.26) gegebene Normalapproximation von S_n kann asymptotisch (d.h. für große n) durch eine geeignete Poisson-Approximation verbessert werden. Genauer gilt:

$$(4.28) \quad \inf_{\mu \in \mathbb{R}, s^2 > 0} \sup_{x \in \mathbb{R}} | P(S_n \leq x) - \Phi(s^2 x + \mu) | \sim \frac{a}{3\sqrt{\log n}} \quad (n \to \infty),$$

wobei $a = 0{,}2784 \ldots$ die positive Lösung der Gleichung

$$(4.29) \quad 1 + a + \log a = 0$$

bezeichnet, wogegen mit $\lambda_n = \displaystyle\sum_{k=1}^{n} \frac{1}{k}$ gilt:

$$(4.30) \quad \sup_{x \in \mathbb{R}} | P(S_n \leq x) - \sum_{0 \leq k \leq x} e^{-\lambda_n} \frac{\lambda_n^k}{k!} | \sim \frac{\pi^2}{12\sqrt{2\pi e}\,\log n} \quad (n \to \infty).$$

In (4.28) kann dabei $\mu = \mu_n$, $s^2 = s_n^2$ mit

$$(4.31) \quad \mu_n = \lambda_n + \frac{2-a}{3}, \quad s_n^2 = \sqrt{\lambda_n - \frac{\pi^2}{6}} \quad (n \in \mathbb{N})$$

gewählt werden, ohne die angegebene Asymptotik zu verletzen (Deheuvels und Pfeifer (1989)), d.h. die Wahl von μ_n und s_n^2 ist (in diesem Sinne) asymptotisch optimal. Für die bestmögliche Normalapproximation erreicht man also nur eine Konvergenzordnung von $O(\frac{1}{\sqrt{\log n}})$, während die in (4.30) angegebene Poisson-Approximation (welche zugleich auch asymptotisch optimal ist) eine Konvergenzordnung von $O(\frac{1}{\log n})$ ergibt.

Insgesamt zeigt Satz 4.3, daß bei unabhängiger und identischer Verteilung der $\{X_n\}$ die Anzahl der Rekorde innerhalb von n Beobachtungen nur wie log n, also sehr langsam wächst, was im Gegensatz zu dem relativ häufigen Brechen von Rekorden, etwa im Sportbereich, steht. Hierauf kommen wir an späterer Stelle noch einmal zurück.

Die Beziehungen (4.24) und (4.25) sind auch in der Informatik von Bedeutung. Nimmt man beispielsweise an, daß in einem angeordneten Feld der Länge n alle n! Anordnungen von n (verschiedenen) Elementen gleichwahrscheinlich sind, so gibt S_n auch die Anzahl der (Um-)Speicherungen an, die erforderlich sind, um bei linearer Suche das größte Element aufzufinden (vgl. Knuth (1973), Kapitel 1.2.10 (Algorithm M) oder Kemp (1984), Kapitel 3.1 (Algorithm MAX)*). Unter den getroffenen Annahmen über die Folge $\{X_n\}$ sind nämlich alle n! Anordnungen von $X_1,...,X_n$ gleichwahrscheinlich (vgl. hierzu Lemma 6.4 sowie den zugehörigen Beweis), und die Verteilung von S_n hängt nur von der Anordnung, nicht aber von der tatsächlichen Größe der $X_1,...,X_n$ ab. Die erwartete Anzahl $E(S_n)$ von Umspeicherungen verhält sich also etwa wie log n; aus der obigen Anschlußbemerkung zu Satz 4.3 ergibt sich ferner, daß S_n selbst näherungsweise Poisson-verteilt ist mit Parameter (d.h. Erwartungswert) log n + C.

Durch entsprechende kombinatorische Überlegungen läßt sich die exakte Verteilung von S_n sogar vermöge der Stirling-Zahlen erster Art ausdrücken (vgl. Rényi (1962) und Knuth (1973)), nämlich durch

---

*) Im Unterschied zu Knuth und Kemp wird hier das Speichern des ersten Feldelements mitgerechnet.

$$(4.32) \quad P(S_n = k) = \begin{bmatrix} n \\ k \end{bmatrix} / n! \qquad (1 \le k \le n),$$

wobei die Stirling-Zahlen $\begin{bmatrix} n \\ k \end{bmatrix}$ definiert sind vermöge

$$(4.33) \quad n! \begin{pmatrix} x \\ n \end{pmatrix} = \prod_{i=o}^{n-1} (x - i) = \sum_{k=1}^{n} (-1)^{n-k} \begin{bmatrix} n \\ k \end{bmatrix} x^k \qquad (x \in \mathbb{R})$$

(vgl. auch Knuth (1973), Kapitel 1.2.6; Table 2 enthält einige Stirling-Zahlen
in tabellarischer Form).

Satz 4.2 kann auch zur Lösung des sogenannten "Sekretärinnen"-Problems
herangezogen werden (vgl. z.B. Dynkin (1963), Gilbert und Mosteller (1966)
und Bruss (1984,1988)). Hierbei geht es - ähnlich wie bei dem oben erwähnten
Suchproblem der Informatik - darum, mit größtmöglicher Wahrscheinlichkeit
das größte Element einer Folge von n (verschiedenen) Zahlen zu finden, wenn
wieder alle Anordnungen gleichwahrscheinlich sind und die Folgenelemente
der Reihe nach betrachtet werden, wobei allerdings Rückgriffe auf früher
betrachtete Elemente ausgeschlossen sind. (Eine solche Situation liegt etwa
typischerweise dann vor, wenn ein Tourist am Filmende noch eine einzige
Aufnahmemöglichkeit hat, aber noch n Sehenswürdigkeiten zu besichtigen
sind und er mit größtmöglicher Wahrscheinlichkeit die "beste" von ihnen
fotografieren möchte.)[*] Betrachtet man wieder die äquivalente Situation
einer Folge unabhängiger, identisch verteilter Zufallsvariablen $X_1,...,X_n$ mit
stetiger Verteilungsfunktion F, so besteht das Problem also in dem Auffinden
des letzten Rekordes innerhalb der $X_1,...,X_n$ bzw. der letzten "Eins" in der
Folge $I_1,...,I_n$ (ohne Rückgriffsmöglichkeit). Es hat sich gezeigt (und läßt
sich mit dem hier gewählten Zugang auch leicht einsehen), daß die optimale
Strategie für dieses Problem in der Wahl eines Index $c \in \{1,...,n\}$ besteht
derart, daß

$$(4.34) \quad p_c = P \left(\sum_{k=c}^{n} I_k = 1 \right) = \sup_{1 \le d \le n} \left\{ P\left(\sum_{k=d}^{n} I_k = 1 \right) \right\} = \sup_{1 \le d \le n} p_d,$$

---

[*] Die ursprüngliche Formulierung des Problems bezog sich auf Bewerbungs-
gespräche für Büropersonal, daher der Name "Sekretärinnen-Problem".

und erst ab dem c-ten Folgenglied eine Entscheidung zu treffen, d.h. ab diesem Index den ersten neu auftretenden Rekord zu wählen (bzw. das letzte Element, falls ein solcher nicht existiert). p_c gibt dann gleichzeitig die Wahrscheinlichkeit dafür an, daß der so ausgewählte Rekord der einzige noch verbleibende ist, also das Maximum der Folge liefert. Wegen

$$(4.35) \quad p_d = P\left(\sum_{k=d}^{n} I_k = 1\right) = \sum_{k=d}^{n} P\left(\{I_k = 1\} \cap \bigcap_{\substack{j=d \\ j \neq k}}^{n} \{I_j = 0\}\right)$$

$$= \sum_{\substack{k=d \\ j \neq k}}^{n} \frac{1}{k} \prod_{\substack{j=d \\ j \neq k}}^{n} \left(1 - \frac{1}{j}\right) = \frac{1}{n} + \frac{d-1}{n} \sum_{k=d}^{n-1} \frac{1}{k} = \frac{1}{n} + \left\{ \frac{(d-1)! \left[\begin{smallmatrix} n \\ 2 \end{smallmatrix}\right] - (n-1)! \left[\begin{smallmatrix} d \\ 2 \end{smallmatrix}\right]}{n! \ (d-2)!} \right\}$$

$$(1 \leq d \leq n)$$

(vgl. Knuth (1973), Kapitel 1.2.7, Exercise 6) läßt sich für kleine n das optimale c sowie die zugehörige Erfolgswahrscheinlichkeit p_c leicht berechnen:

n	1	2	3	4	5	6
c	1	1 oder 2	2	2	3	3
p_c	1	$\frac{1}{2}$	$\frac{4}{9}$	$\frac{5}{12}$	$\frac{13}{30}$	$\frac{77}{180}$

(Wegen $p_d = \frac{1}{n}$ für d = 1 und d = n braucht in (4.34) nur der Bereich $2 \leq d \leq n - 1$ betrachtet zu werden.)

Für große n gilt näherungsweise

$$(4.36) \quad p_d = \frac{d}{n} \log\left(\frac{n}{d}\right) + O\left(\frac{\log n}{n}\right) \qquad (n \to \infty),$$

gleichmäßig in $d \in \{1,2,...,n\}$, mit

$$(4.37) \quad \max_{0 < x \leq 1} x \log\left(\frac{1}{x}\right) = \frac{1}{e} \log e = \frac{1}{e},$$

so daß für das optimale $c = c_n$ gilt:

$$(4.38) \quad \lim_{n \to \infty} \frac{c_n}{n} = \frac{1}{e} \quad \text{und} \quad \lim_{n \to \infty} p_{c_n} = \frac{1}{e},$$

also $c_n \approx \left[\!\left[\frac{n}{e}\right]\!\right]$ für große n gilt mit einer asymptotischen Erfolgswahrscheinlichkeit von $\frac{1}{e} = 0,3678 \ldots$

Aus Beziehung (4.27) läßt sich direkt auch eine fast sichere Konvergenzaussage für $\log U_n$ bzw. $\log L_n$ herleiten. Da nämlich $\{U_n\}$ bzw. $\{L_n\}$ streng monoton mit $\lim\limits_{n\to\infty} U_n = \lim\limits_{n\to\infty} L_n = \infty$ (fast sicher) ist, ergibt ein entsprechender Teilfolgen-Übergang:

$$(4.39) \quad \lim_{n\to\infty} \frac{n+1}{\log U_n} = \lim_{n\to\infty} \frac{n+1}{\log L_n} = 1 \quad \text{fast sicher,}$$

da stets $S_{U_n} = n + 1$ (fast sicher) gilt. In anderer Schreibweise lautet dies:

$$(4.40) \quad \lim_{n\to\infty} \frac{1}{n} \log U_n = \lim_{n\to\infty} \frac{1}{n} \log L_n = 1 \quad \text{fast sicher.}$$

Wir wollen im folgenden zeigen, daß dieser Teilfolgen-Übergang sogar in (4.26) möglich ist, was wegen $\lim\limits_{n\to\infty} \frac{1}{\sqrt{n}} \sqrt{\log\{\frac{U_n}{L_n}\}} = 1$ fast sicher nach (4.40) und der Symmetrie der Normalverteilung (formal) zu

$$(4.41) \quad \lim_{n\to\infty} P\left(\frac{\log U_n - n}{\sqrt{n}} \leq x \right) = \lim_{n\to\infty} P\left(\frac{\log L_n - n}{\sqrt{n}} \leq x \right) = \Phi(x) \quad (x \in \mathbb{R})$$

führt. Wir werden dabei unter der Ausnutzung der Markoff-Eigenschaft der Folgen $\{U_n\}$ und $\{L_n\}$ sogar ein viel stärkeres Resultat zeigen, aus dem dann (4.41) mit Hilfe des zentralen Grenzwertsatzes (in der Fassung des Satzes 0.1) folgen wird.

Satz 4.4. Auf dem Wahrscheinlichkeitsraum $(\Omega, \mathcal{A}, P)$ existieren (evtl. nach Vergrößerung) eine Folge $\{Y_n\}$ unabhängiger, identisch exponentialverteilter Zufallsvariablen mit Erwartungswert 1 sowie eine Zufallsvariable $Z \geq 0$ mit $E(Z) \leq 1$ derart, daß

$$(4.42) \quad \log U_n = Z + \sum_{k=1}^{n} Y_k + o(1) \quad \text{fast sicher} \ (n \to \infty)$$

$$(4.43) \quad \log \Delta_n = \log U_n - Y_n^* + o(1) \quad \text{fast sicher} \ (n \to \infty)$$

wobei die Folge $\{Y_n^*\}$ mit

$$(4.44) \quad Y_n^* = -\log(1 - \exp(-Y_n)) \quad , \ n \in \mathbb{N}$$

selbst wieder unabhängig und identisch $\mathcal{E}(1)$- verteilt ist.
Ferner gilt (mit $]x[= -[-x]$, $x \in \mathbb{R}$):

$$(4.45) \quad] \frac{U_{n+1}}{U_n} [\;=\;] \, e^{Y_{n+1}} [\quad \text{für alle } n \geq 0,$$

d. h. $\{] \frac{U_{n+1}}{U_n} [\}$ ist unabhängig und identisch verteilt wie U_1 (vgl. (4.11)).

Die Aussage des Satzes bleibt richtig, wenn in (4.42) bis (4.45) U_n durch L_n ersetzt wird.

Beweis: Sei $\{W_n\}$ eine unabhängige Folge $\mathcal{R}(0,1)$-verteilter Zufallsvariablen auf $(\Omega, \mathcal{A}, P)$, unabhängig von $\{X_n\}$ (eine solche existiert ggf. nach Vergrößerung des Wahrscheinlichkeitsraumes). Nach (4.10) folgt

$$(4.46) \quad P(U_{n+1} > k \mid U_n = j) \;=\; \sum_{i=k+1}^{\infty} \frac{1}{i(i-1)} \;=\; \frac{1}{k} \quad (1 \leq j \leq k),$$

so daß nach Satz A1.1 (Anhang) bzw. (A1.31) die durch

$$(4.47) \quad V_{n+1} = (1-W_{n+1})\frac{U_n}{U_{n+1}} + W_{n+1}\frac{U_n}{U_{n+1}-1} = \frac{U_n}{U_{n+1}}\left(1 + \frac{W_{n+1}}{U_{n+1}-1}\right) \quad (n \geq 0)$$

gegebene Folge selbst ebenfalls unabhängig und identisch $\mathcal{R}(0,1)$- verteilt ist*). Damit ergibt aber

$$(4.48) \quad Y_n = -\log V_n \quad (n \in \mathbb{N})$$

die gewünschte Folge: Es ist nämlich nach (4.47)

$$(4.49) \quad Y_{n+1} = \log U_{n+1} - \log U_n - \log\left(1 + \frac{W_{n+1}}{U_{n+1}-1}\right) \quad (n \geq 0),$$

so daß sich nach Summation wegen $\log U_o = 0$ ergibt:

$$(4.50) \quad \sum_{k=1}^{n} Y_k = \log U_n - \sum_{k=1}^{n} \log\left(1 + \frac{W_k}{U_k-1}\right) = \log U_n - Z_n \quad (n \in \mathbb{N})$$

---

*) Man beachte, daß mit $\{V_n\}$ auch $\{1 - V_n\}$ unabhängig $\mathcal{R}(0,1)$-verteilt ist.

mit

$$(4.51) \quad 0 \leq Z_n = \sum_{k=1}^{n} \log\left(1 + \frac{W_k}{U_k-1}\right) \leq 2 \sum_{k=1}^{n} \frac{W_k}{U_k} \leq 2 \sum_{k=1}^{n} W_k S_k$$

fast sicher nach (4.50), wobei

$$(4.52) \quad S_k = \exp\left(-\sum_{l=1}^{k} Y_l\right) \quad (k \in \mathbb{N}).$$

Für $Z = \sup_{n \in \mathbb{N}} Z_n = \sum_{l=1}^{\infty} \log\left(1 + \frac{W_k}{U_k-1}\right)$ ergibt sich nun mit dem Satz von der monotonen Konvergenz (vgl. z.B. Bauer (1974), Satz 11.4)

$$(4.53) \quad E(Z) = \lim_{n \to \infty} E(Z_n) \leq 2 \sum_{k=1}^{\infty} E(W_k)\, E\left(\frac{1}{U_k}\right)$$

$$\leq \sum_{k=1}^{\infty} E(S_k) = \sum_{k=1}^{\infty} \prod_{l=1}^{k} E(e^{-Y_l}) = \sum_{k=1}^{\infty} 2^{-k} = 1$$

wegen $E(e^{-Y_l}) = E(V_l) = \frac{1}{2}$ $(i \in \mathbb{N})$ (man beachte, daß nach Voraussetzung W_k und $\{X_n\}$, also auch W_k und U_k unabhängig sind!). Wegen $\lim_{n \to \infty} Z_n = Z$ fast sicher ergibt sich somit (4.42). Zum Beweis von (4.43) benötigen wir noch die Beziehung

$$(4.54) \quad \lim_{n \to \infty} n^2(1 - V_n) = \infty \quad \text{fast sicher.}$$

Nach dem Borel-Cantelli-Lemma (vgl. z. B. Bauer (1974), Lemma 35.1) gilt aber

$$(4.55) \quad \sum_{n=1}^{\infty} P(n^2(1-V_n) \leq c) \leq \sum_{n=1}^{\infty} \frac{c}{n^2} < \infty \quad \text{für alle } c \geq 1,$$

also $P(\limsup_{n \to \infty} \{n^2(1-V_n) \leq c\}) = 0$ für alle $c \geq 1$ und damit (4.54).

Aus (4.40) folgt schließlich auch noch

$$(4.56) \quad \lim_{n \to \infty} \frac{U_n}{n^2} = \infty \quad \text{fast sicher}$$

und damit auch

$$(4.57) \quad \lim_{n \to \infty} (1 - V_n) U_n = \infty \quad \text{fast sicher.}$$

Aus (4.47) erhält man nun

$$(4.58) \quad \frac{\Delta_{n+1}}{U_n} = \frac{U_{n+1}}{U_n} - 1 = e^{Y_{n+1}}\left(1 + \frac{W_{n+1}}{U_{n+1}-1}\right) - 1$$

$$= e^{Y_{n+1}}(1 - e^{-Y_{n+1}})\left\{1 + \frac{W_{n+1}}{(1-V_{n+1})(U_{n+1}-1)}\right\}$$

$$= e^{Y_{n+1}}(1 - e^{-Y_{n+1}})\{1 + o(1)\} \quad \text{fast sicher } (n \to \infty)$$

nach (4.57), also durch Logarithmieren

$$(4.59) \quad \log \Delta_{n+1} = \log U_n + Y_{n+1} - Y_{n+1}^* + o(1) = \log U_{n+1} - Y_{n+1}^* + \delta(1)$$
$$\text{fast sicher } (n \to \infty)$$

mit $P(Y_n^* > x) = P(1 - e^{-Y_n} < e^{-x}) = e^{-x}$ $(x > 0)$ nach Lemma 1.2. Damit sind (4.43) und (4.44) bewiesen. Die Gültigkeit von (4.45) ergibt sich aus (4.47) vermöge

$$(4.60) \quad U_{n+1} - U_n e^{Y_{n+1}} = U_{n+1} - \frac{U_n}{V_{n+1}} = \frac{W_{n+1} U_{n+1}}{W_{n+1} + U_{n+1} - 1} \quad (n \geq 0),$$

was wegen $U_{n+1} \geq 2$

$$(4.61) \quad U_{n+1} = \rrbracket U_n e^{Y_{n+1}} \llbracket = \rrbracket \frac{U_n}{V_{n+1}} \llbracket \quad (n \geq 0)$$

nach sich zieht. Hieraus folgt aber unmittelbar (4.45).

Wegen derselben Verteilungsstruktur der Folgen $\{U_n\}$ und $\{L_n\}$ ist der Satz damit vollständig bewiesen.

Eine unmittelbare Folgerung aus Satz 4.4 ist

Satz 4.5. Es gilt

$$(4.62) \quad \lim_{n \to \infty} \frac{1}{n} \log U_n = \lim_{n \to \infty} \frac{1}{n} \log L_n = \lim_{n \to \infty} \frac{1}{n} \log \Delta_n = 1 \quad \text{fast sicher}$$

$$(4.63) \quad \lim_{n \to \infty} P\left(\frac{\log U_n - n}{\sqrt{n}} \leq x\right) = \lim_{n \to \infty} P\left(\frac{\log L_n - n}{\sqrt{n}} \leq x\right) = \lim_{n \to \infty} P\left(\frac{\log \Delta_n - n}{\sqrt{n}} \leq x\right)$$

$$= \Phi(x) \quad (x \in \mathbb{R})$$

Beweis: Es ist mit den Bezeichnungen von Satz 4.4 $\lim_{n \to \infty} \frac{Z}{n} = \lim_{n \to \infty} \frac{Z}{\sqrt{n}} = 0$ fast sicher

sowie

$$(4.64) \quad \lim_{n \to \infty} \frac{Y_n^{\bullet}}{\sqrt{n}} = 0 \quad \text{fast sicher,}$$

da wieder mit dem Borel-Cantelli-Lemma folgt:

$$(4.65) \quad \sum_{n=1}^{\infty} P(Y_n^{\bullet} > \varepsilon \sqrt{n}) = \sum_{n=1}^{\infty} e^{-\varepsilon \sqrt{n}} < \infty \quad \text{für jedes } \varepsilon > 0,$$

also $P(\lim_{n \to \infty} \sup \{Y_n^{\bullet} > \varepsilon \sqrt{n}\}) = 0$ ist für alle $\varepsilon > 0$.
Die Aussage ergibt sich somit aus dem Gesetz der großen Zahlen sowie dem zentralen Grenzwertsatz für die Folge $\{Y_n\}$.

Bemerkenswert an der Aussage des Satzes 4.5 ist die Tatsache, daß sich das Wachstumsverhalten von $\{\log \Delta_n\}$ praktisch nicht von dem der Folgen $\{\log U_n\}$ bzw. $\{\log L_n\}$ unterscheidet, obwohl nach (4.2) U_n bzw. L_n mit $\sum_{k=0}^{n} \Delta_k$ identisch ist! Das folgende Resultat macht die Geringfügigkeit dieses Unterschieds noch einmal aus anderer Sicht deutlich.

Satz 4.6. Es gilt

$$(4.66) \quad \begin{aligned} E(\log U_n) &= E(\log L_n) = n + 1 - C + o(1) \\ \text{Var}(\log U_n) &= \text{Var}(\log L_n) = n + 1 - \frac{\pi^2}{6} + o(1) \end{aligned} \qquad (n \to \infty)$$

$$(4.67) \quad \begin{aligned} E(\log \Delta_n) &= n - C + o(1) \\ \mathrm{Var}(\log \Delta_n) &= n + \frac{\pi^2}{6} + o(1) \end{aligned} \qquad (n \to \infty) \ .$$

Einen Beweis dieses Satzes werden wir später (mit zwei grundsätzlich verschiedenen Methoden) führen, wenn weitergehende strukturelle Eigenschaften von Rekorden zur Verfügung stehen.

Ein erstes Resultat dieser Art gibt der folgende

__Satz 4.7.__ Unter den Voraussetzungen von Definition 4.1 gilt:

a) $\{(U_n, X_{U_n})\}$ und $\{X_{U_n}\}$ sind homogene Markoff-Ketten mit Übergangswahrscheinlichkeiten

$$(4.68) \quad P(U_{n+1} = k, X_{U_{n+1}} > y \mid U_n = j, X_{U_n} = x) = F^{k-j-1}(x)\,(1-F(y)) \ ,$$
$$n \geq 0,\ 1 \leq j < k,\ x_L < x \leq y$$

$$(4.69) \quad P(X_{U_{n+1}} > y \mid X_{U_n} = x) = \frac{1-F(y)}{1-F(x)} \ ,\ n \geq 0,\ x \leq y,\ x < x_R$$

b) Die Folge $\{\Delta_n\}$ ist bedingt unabhängig unter $\{X_{U_n}\}$; genauer gilt:

$$(4.70) \quad P\left(\bigcap_{j=1}^{n} \{\Delta_j = k_j\} \mid X_{U_{n-1}} = x_{n-1}, \ \dots,\ X_{U_0} = x_0 \right) =$$

$$\prod_{j=1}^{n} P(\Delta_j = k_j \mid X_{U_{j-1}} = x_{j-1}) = \prod_{j=1}^{n} \left[F^{k_j-1}(x_{j-1})\,(1-F(x_{j-1})) \right] \ ,$$

$$n \in \mathbb{N},\ x_L < x_0 < x_1 < \dots < x_{n-1} < x_R,\ k_1,\ \dots,\ k_n \in \mathbb{N} \ ,$$

d. h. die Δ_j sind bedingt geometrisch verteilt unter $X_{U_{j-1}}$.

c) Entsprechend gilt für die Markoff-Ketten $\{(L_n, X_{L_n})\}$ und $\{X_{L_n}\}$:

$$(4.71) \quad P(L_{n+1} = k, X_{L_{n+1}} \leq y \mid L_n = j, X_{L_n} = x) = (1-F(x))^{k-j-1}\,F(y) \ ,$$
$$n \geq 0,\ 1 \leq j < k,\ x_R > x \geq y$$

$$(4.72) \quad P(X_{L_{n+1}} \leq y \mid X_{L_n} = x) = \frac{F(y)}{F(x)} \, , \quad n \geq 0, \; x \geq y, \; x > x_L$$

$$(4.73) \quad P(\bigcap_{j=1}^{n} \{\Delta_j = k_j\} \mid X_{L_{n-1}} = x_{n-1} \, , \, \ldots \, , \, X_{L_0} = x_0) =$$

$$\prod_{j=1}^{n} P(\Delta_j = k_j \mid X_{L_{j-1}} = x_{j-1}) = \prod_{j=1}^{n} \left[(1 - F(x_{j-1})^{k_j - 1} \, F(x_{j-1}) \right] \, ,$$

$$n \in \mathbb{N}, \; x_R > x_0 > x_1 > \ldots > x_{n-1} > x_L, \; k_1, \, \ldots, \, k_n \in \mathbb{N}.$$

Beweis: Zunächst zeigen wir, daß die $\{U_n\}$ bzw. $\{L_n\}$ Markoff-verträgliche Stoppzeiten bezüglich $\{X_n\}$ bilden. Es ist nämlich

$$(4.74) \quad \{U_1 = n\} = \{X_2, \, \ldots, \, X_{n-1} \leq X_1 < X_n\} \, , \quad^{*)} \quad n \geq 2$$

und

$$(4.75) \quad \{U_{k+1} = n\} = \bigcup_{m=k+1}^{n-1} \{U_k = m\} \cap \{X_{m+1}, \, \ldots, \, X_{n-1} \leq X_m < X_n\} \quad (n \geq k + 2) \, ,$$

woraus induktiv die Stoppzeit-Eigenschaft der $\{U_n\}$ folgt.
Weiter ist

$$(4.76) \quad \{U_{k+1} - U_k = n\} = \{X_{U_k + 1}, \, \ldots, \, X_{U_k + n - 1} \leq X_{U_k} < X_{U_k + n}\} \quad (n \in \mathbb{N}),$$

woraus die Markoff-Verträglichkeit folgt. Für $\{L_n\}$ argumentiert man analog mit "$\geq$" und "$>$" statt "$\leq$" und "$<$".

Die Markoff-Eigenschaft der Folgen $\{U_n, X_{U_n}\}$, $\{(L_n, X_{L_n})\}$, $\{X_{U_n}\}$ und $\{X_{L_n}\}$ sowie die bedingte Unabhängigkeit der $\{\Delta_n\}$ ergibt sich nun unmittelbar aus Satz A1.4 sowie Lemma A1.5 (Anhang), mit

$$(4.77) \quad P(U_{n+1} = k, \, X_{U_{n+1}} > y \mid U_n = j, \, X_{U_n} = x) =$$

$$P(X_{j+1}, \, \ldots, \, X_{k-1} \leq x, \, y < X_k) = F^{k-j-1}(x) \, (1 - F(y)),$$

$$n \geq 0, \; 1 \leq j < k, \; x_L < x \leq y$$

---

*) für $n = 2$ entfällt die linke Ungleichung; analog in (4.75) und (4.76)

$$(4.78) \quad P(L_{n+1} = k, \ X_{L_{n+1}} \leq y \mid L_n = j, \ X_{L_n} = x) =$$

$$P(X_{j+1}, \ \ldots, \ X_{k-1} \geq x, \ y > X_k) = (1 - F(x))^{k-j-1} \ F(y),$$

$$n \geq 0, \ 1 \leq j < k, x_R > x \geq y$$

sowie (unabhängig von j und n)

$$(4.79) \quad P(X_{U_{n+1}} > y \mid X_{U_n} = x) = \sum_{k=j+1}^{\infty} P(U_{n+1} = k, \ X_{U_{n+1}} > y \mid U_n = j, \ X_{U_n} = x)$$

$$= \sum_{l=1}^{\infty} F^{l-1}(x) \ (1-F(y)) = \frac{1-F(y)}{1-F(x)} \ , \ x \leq y, \ x < x_R$$

$$(4.80) \quad P(X_{L_{n+1}} \leq y \mid X_{L_n} = x) = \sum_{k=j+1}^{\infty} P(L_{n+1} = k, \ X_{L_{n+1}} \leq y \mid L_n = j, \ X_{L_n} = x)$$

$$= \sum_{l=1}^{\infty} (1 - F(x))^{l-1} \ F(y) = \frac{F(y)}{F(x)} \ , \ x \geq y, \ x > x_L$$

$$(4.81) \quad P(\Delta_{n+1} = k \mid X_{U_n} = x) = P(U_{n+1} = k+j \mid U_n = j, \ X_{U_n} = x) =$$

$$F^{k-1}(x) \ (1 - F(x)), \ x_L < x < x_R, \ k \in \mathbb{N}$$

$$(4.82) \quad P(\Delta_{n+1} = k \mid X_{L_n} = x) = P(L_{n+1} = k + j \mid L_n = j, \ X_{L_n} = x) =$$

$$(1 - F(x))^{k-1} \ F(x), \ x_L < x < x_R, \ k \in \mathbb{N}.$$

Satz 4.7 zeigt also, daß es sich bei $\{(U_n, X_{U_n})\}$ bzw. $\{(L_n, X_{L_n})\}$ um bedingte Wartezeitprobleme handelt:

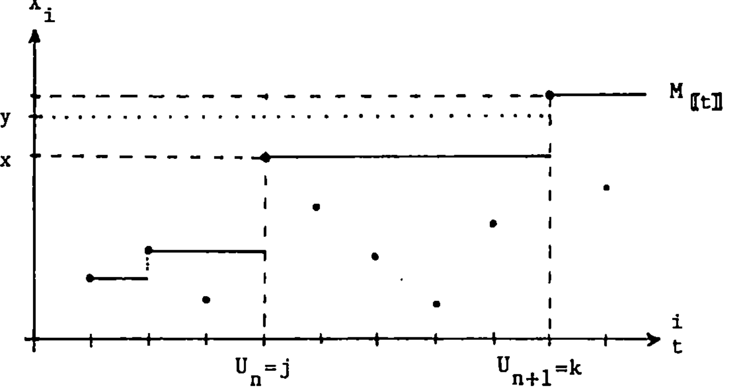

Ein Vergleich der Beziehung (4.79) mit Beispiel A1.7 (Anhang) zeigt, daß die Folge der Rekorde $\{X_{U_n}\}$ auch aufgefaßt werden kann als die Ankunftszeitenfolge eines Poisson-Prozesses mit Intensität

$$(4.83) \quad \lambda(t) = \frac{f(t)}{1-F(t)} \ , \ t \in \mathbb{R},$$

wenn F eine Dichte f besitzt. Hier stimmt also die Intensität des Poisson-Prozesses mit der Ausfallrate der zugrundeliegenden Verteilung überein.

Für den Fall einer Exponentialverteilung $\mathcal{E}(\lambda)$ $(\lambda > 0)$ erhält man daher speziell:

Lemma 4.2. Für $F(x) = 1 - e^{-\lambda x}$ $(x > 0)$ gilt:
$\{X_{U_n}\}$ ist Ankunftszeitenfolge eines homogenen Poisson-Prozesses auf $\mathbb{R}^+$ mit Intensität $\lambda(t) = \lambda$ $(t \geq 0)$. Insbesondere sind $\{X_{U_o}, X_{U_{n+1}} - X_{U_n}\}$ unabhängig und selbst wieder $\mathcal{E}(\lambda)$-verteilt.

In dieser Situation lassen sich die Rekorde also darstellen vermöge

$$(4.84) \quad X_{U_n} = \sum_{k=1}^{n+1} Z_k \quad (n \geq 0),$$

wo $\{Z_n\}$ unabhängig und $\mathcal{E}(\lambda)$-verteilt ist.

Definiert man die integrierte Ausfallrate R durch

$$(4.85) \quad R(x) = -\log(1 - F(x)) \ \left[= \int_{-\infty}^{x} \frac{f(t)}{1-F(t)} \ dt \ \text{ bei Existenz einer Dichte} \right], x \in \mathbb{R}$$

so zeigen die Ausführungen im Anschluß an Lemma 4.1, daß allgemeiner die Folge $\{R(X_{U_n})\}$ die in Lemma 4.2 angegebenen Eigenschaften (mit $\lambda = 1$) besitzt, da diese Folge fast sicher mit den Rekorden der (dann $\mathcal{E}(1)$-verteilten) Folge $\{-\log(1 - F(X_n))\}$ zusammenfällt. $\{R(X_{U_n})\}$ besitzt dann wieder die durch (4.84) gegebene Struktur (mit $\lambda = 1$).

Das folgende Resultat zeigt, wie man die durch (4.70) bzw. (4.73) gegebene bedingte Unabhängigkeit der Δ_j modellmäßig auch noch anders charakterisieren kann. Wir beschränken uns dabei der Einfachheit halber im folgenden auf die Betrachtung von $\{X_{U_n}\}$; Aussagen für $\{X_{L_n}\}$ lassen sich dann leicht analog formulieren.

Satz 4.8. (Deheuvels) Unter den Voraussetzungen des Satzes 4.1 existiert (ggf. nach Vergrößerung des zugrundeliegenden Wahrscheinlichkeitsraumes) eine von $\{X_n\}$ unabhängige Folge $\{Y_n\}$ unabhängiger $\mathcal{E}(1)$-exponentialverteilter Zufallsvariablen derart, daß

$$(4.86) \quad \Delta_n = \left]\!\right] \frac{Y_n}{-\log F(X_{U_{n-1}})} \left[\!\right[\quad \text{fast sicher} \quad (n \in \mathbb{N})$$

gilt.

Beweis. Sei zunächst D geometrisch verteilt auf $\mathbb{N}$ mit

$$(4.87) \quad P(D = k) = \alpha\,\beta^{k-1} \quad (\alpha,\beta > 0,\ \alpha + \beta = 1).$$

Ist W $\mathcal{R}(0,1)$- verteilt und unabhängig von D, so ist

$$(4.88) \quad U = \beta^{D-1}(1 - \alpha W)$$

ebenfalls $\mathcal{R}(0,1)$- verteilt, denn mit $Q = \mathcal{R}(0,1)$ gilt:

$$(4.89) \quad \beta^{k-1}(1 - \alpha W) \text{ ist } \mathcal{R}(\beta^k,\beta^{k-1}]\text{- verteilt für alle } k \in \mathbb{N}$$

$$(4.90) \quad P(U \in A) = \sum_{k=1}^{\infty} P(\beta^{k-1}(1 - \alpha W) \in A)\, P(D = k)$$

$$= \sum_{k=1}^{\infty} \frac{Q(A \cap (\beta^k,\beta^{k-1}])}{Q((\beta^k,\beta^{k-1}])}\, \alpha\,\beta^{k-1}$$

$$= \sum_{k=1}^{\infty} Q(A \cap (\beta^k,\beta^{k-1}]) = Q(A \cap (0,1)) = Q(A)$$

für alle Borel-Mengen $A \subseteq (0,1)$.

Somit ist

(4.91) $Y = -\log U = -(D - 1)\log\beta - \log(1 - \alpha W)$

$\mathcal{E}(1)$- verteilt mit der Eigenschaft

(4.92) $\rrbracket \dfrac{Y}{-\log\beta} \llbracket = \rrbracket D - 1 + \dfrac{\log(1-\alpha W)}{\log(1-\alpha)} \llbracket = D$ fast sicher

(wegen $0 < W \le 1$ fast sicher).[*]

Sei nun Z eine Zufallsvariable mit $0 < Z < 1$ fast sicher, und D besitze die bedingte (geometrische) Verteilung

(4.93) $P(D = k \mid Z = \beta) = \alpha\,\beta^{k-1}$ $(0 < \beta < 1,\ \alpha + \beta = 1,\ k \in \mathbb{N})$.

Ist nun W wieder $\mathcal{R}(0,1)$- verteilt und unabhängig von D und Z, so bleibt

(4.94) $Y = -(D - 1)\log Z - \log(1 - W(1 - Z))$

$\mathcal{E}(1)$- verteilt mit

(4.95) $\rrbracket \dfrac{Y}{-\log Z} \llbracket = D$ fast sicher,

und es sind Y und Z unabhängig (denn jede der bedingten Verteilungen von Y unter $Z = \beta$ ist eine $\mathcal{E}(1)$- Verteilung, unabhängig von $\beta \in (0,1)$).
Sind ferner $\{D_n\}$, $\{Z_n\}$ Zufallsvariablen derart, daß D_n unter Z_n jeweils eine bedingte geometrische Verteilung der Art (4.93) besitzt, so zeigt die obige Rechnung, daß man unter Verwendung einer geeigneten Folge $\{W_n\}$ unabhängiger $\mathcal{R}(0,1)$- verteilter Zufallsvariablen (auch von $\{Z_n\}$) unabhängige, $\mathcal{E}(1)$- verteilte Zufallsvariablen $\{Y_n\}$ konstruieren kann mit

(4.96) $\rrbracket \dfrac{Y_n}{-\log Z_n} \llbracket = D_n$ fast sicher $(n \in \mathbb{N})$.

---

[*] Dieser Teil des Beweises kann auch direkt mit Lemma A1.4 (Anhang) geführt werden.

Hierzu ist lediglich die Existenz einer entsprechenden (auch von $\{D_n\}$ und $\{Z_n\}$) unabhängigen Folge $\{W_n\}$ auf dem zugrundeliegenden Wahrscheinlich-keitsraum zu sichern, was ggf. nach Vergrößerung des Raumes durch Pro-duktbildung möglich ist [*]. In der vorliegenden Situation wähle man nun $D_n = \Delta_n$, $Z_n = F(X_{u_{n-1}})$ (n $\in$ N); dann ist $\{F(X_{u_{n-1}})\}$ fast sicher gleich der Folge der Rekorde der (dann $\mathcal{R}(0,1)$- verteilten) Folge $\{F(X_n)\}$ (vgl. Lemma 1.2), so daß mit (4.70) für diesen Fall gilt:

$$(4.97) \quad P(\Delta_n = k \mid F(X_{u_{n-1}}) = \beta) = (1 - \beta)\beta^{k-1} \qquad (k \in \mathbb{N}).$$

Die Aussage des Satzes ergibt sich nun aus Beziehung (4.96).

Satz 4.8 kann dazu benutzt werden, Aussagen ähnlich denen des Satzes 4.4 sowie einen Teil des Satzes 4.5 abzuleiten, wozu jedoch noch folgendes Hilfsresultat nötig ist.

Lemma 4.3. Für z > 0 gilt:

$$(4.98) \quad z - \frac{1}{e^z - 1} \le - \log(-\log(1 - e^{-z})) \le z.$$

Beweis: Für 0 < y < 1 ist

$$(4.99) \quad y \le - \log(1 - y) \le \frac{y}{1-y}$$

und damit

$$(4.100) \; -\log y \ge - \log(- \log(1 - y)) \ge - \log y + \log(1 - y).$$

Erneute Anwendung von (4.99) und Substitution $y = e^{-z}$ liefert das Ergebnis.

---

[*] Dieser Teil des Beweises entspricht dem Beweis des Satzes A1.1 (Anhang)

Satz 4.9. (Deheuvels). Unter den Voraussetzungen des Satzes 4.1 existieren (ggf. nach Vergrößerung des zugrundeliegenden Wahrscheinlichkeitsraumes) zwei (auch voneinander) unabhängige Folgen $\{Y_n\}$ und $\{Z_n\}$ $\mathcal{E}(1)$- exponentialverteilter Zufallsvariablen derart, daß

$$(4.101) \quad \log \Delta_n = \log Y_n + S_n + o(1) \quad \text{fast sicher} \ (n \to \infty)$$

gilt, wobei

$$(4.102) \quad S_n = \sum_{k=1}^{n} Z_k.$$

Beweis: Es ist $F(X_{u_{n-1}}) = 1 - \exp(-R(X_{u_{n-1}}))$, $n \in \mathbb{N}$, wobei nach der Bemerkung zu Lemma 4.2 $R(X_{u_{n-1}})$ die Form

$$(4.103) \quad R(X_{u_{n-1}}) = S_n = \sum_{k=1}^{n} Z_k$$

mit unabhängigen, $\mathcal{E}(1)$-verteilten Zufallsvariablen $\{Z_n\}$ besitzt. Mit den Bezeichnungen des Satzes 4.8 gilt dann eine Darstellung

$$(4.104) \quad \Delta_n = \rrbracket \frac{Y_n}{-\log(1-\exp(-S_n))} \llbracket \quad \text{fast sicher} \ (n \in \mathbb{N}) \ \text{bzw.}$$

$$(4.105) \quad \frac{Y_n}{-\log(1-\exp(-S_n))} \leq \Delta_n + 1, \quad \Delta_n \leq \frac{Y_n}{-\log(1-\exp(-S_n))} \quad \text{fast sicher.}$$

Durch Logarithmieren erhält man hieraus nach Lemma 4.3

$$(4.106) \quad \log(\Delta_n + 1) \geq \log Y_n + S_n - \frac{1}{e^{S_n}-1}$$
$$\text{fast sicher} \ (n \in \mathbb{N}).$$
$$(4.107) \quad \log \Delta_n \leq \log Y_n + S_n$$

Wegen

$$(4.108) \quad \log(\Delta_n + 1) = \log \Delta_n + \log(1 + \frac{1}{\Delta_n}) \leq \log \Delta_n + \frac{1}{\Delta_n} \quad (n \in \mathbb{N})$$

und $\frac{1}{\Delta_n} \to 0$ fast sicher (z.B. nach (4.62)), $\frac{1}{e^{S_n}-1} \to 0$ fast sicher (wegen $S_n \to \infty$ fast sicher) $(n \to \infty)$ ergibt sich hiermit die Aussage.

Mittels Satz 4.9 läßt sich nun leicht Beziehung (4.67) des Satzes 4.6 herleiten. Es ist nämlich

$$(4.109)\quad \frac{x}{e^x-1} \le e^{-\frac{1}{2}x} \quad (x > 0),\ \text{also für } n \ge 2$$

$$(4.110)\quad E\left(\frac{1}{e^{S_{n-1}}}\right) = \frac{1}{(n-1)!} \int_0^\infty \frac{x^{n-1}}{e^x-1}\, e^{-x} dx$$

$$\le \frac{1}{(n-1)!} \int_0^\infty x^{n-2}\, e^{-\frac{3}{2}x}\, dx = \frac{1}{n-1} \left(\frac{2}{3}\right)^{n-1}$$

sowie analog (4.97)

$$(4.111)\quad E\left(\frac{1}{\Delta_n}\right) = \int_0^\infty E\left(\frac{1}{\Delta_n}\,\big|\, S_n = x\right) P^{S_n}(dx)$$

$$= \int_0^\infty \left[\sum_{k=1}^\infty \frac{1}{k}\, e^{-x}(1 - e^{-x})^{k-1}\right] P^{S_n}(dx)$$

$$\int_0^\infty \frac{x}{e^x-1}\, P^{S_n}(dx) = \frac{1}{(n-1)!} \int_0^\infty \frac{x^n}{e^x-1}\, e^{-x} dx \le \frac{1}{(n-1)!} \int_0^\infty x^{n-1}\, e^{-\frac{3}{2}x}\, dx = \left(\frac{2}{3}\right)^n.$$

Nach (4.106) bis (4.108) erhält man also

$$(4.112)\quad E(\log \Delta_n) = E(\log Y_n) + E(S_n) + o(1) = -C + n + o(1) \quad (n \to \infty),$$

da $-\log Y_n$ doppelt-exponentialverteilt ist mit Verteilungsfunktion G_1 und $E(-\log Y_n) = C$ gilt nach (0.17).
Eine analoge Rechnung zeigt, daß mit der Unabhängigkeit von Y_n und S_n auch folgt

$$(4.113)\quad \mathrm{Var}(\log \Delta_n) = \mathrm{Var}(\log Y_n) + \mathrm{Var}(S_n) + o(1) = \frac{\pi^2}{6} + n + o(1) \quad (n \to \infty)$$

nach (0.18).
Genauere Abschätzungen des Approximationsfehlers findet man z.B. in Pfeifer (1981, 1984 c) und Zhang (1988).

Aufgrund der Gültigkeit des Gesetzes der großen Zahlen sowie des zentralen Grenzwertsatzes für die Folge $\{Z_n\}$ sowie der Tatsache, daß

$$(4.114) \quad \lim_{n \to \infty} \frac{\log Y_n}{\sqrt{n}} = 0 \quad \text{fast sicher}$$

gilt (etwa nach dem Borel-Cantelli-Lemma), läßt sich aus (4.101) sofort auch Satz 4.5 zurückgewinnen.

Der Beweis von Satz 4.4 zeigt darüberhinaus, daß man - ähnlich zu (4.112) - dort auch

$$(4.115) \quad E(\log \Delta_n) = E(Z) + n - 1 + o(1) \qquad (n \to \infty)$$

schließen darf, woraus man ergänzend noch

$$(4.116) \quad E(Z) = 1 - C \quad \text{sowie}$$

$$(4.117) \quad E(\log U_n) = E(Z) + n + o(1) = n + 1 - C + o(1) \quad (n \to \infty),$$

also die Gültigkeit des ersten Teils von (4.66) folgern kann. Allerdings erhält man wegen der Abhängigkeit von Z und $\{U_n\}$ hiermit keine Aussage über $\text{Var}(\log U_n)$. Hierzu greifen wir auf eine weitere charakteristische Struktureigenschaft von Rekorden zurück, die im folgenden behandelt wird.

Satz 4.10. Es sei $\{X_n\}$ unabhängig $\mathcal{E}(1)$-verteilt. Dann gilt:

a) $L_n X_{L_n}$ ist $\mathcal{E}(1)$-verteilt für alle $n \geq 0$.

b) L_n und $L_n X_{L_n}$ sind unabhängig für alle $n \geq 0$.

Beweis: Wir zeigen induktiv, daß in der gegebenen Situation

$$(4.118) \quad f_{L_n, L_n X_{L_n}}(k,x) = f_{L_n}(k) \, e^{-x} \quad (k \geq 1, \, x \geq 0)$$

eine $\mu \otimes \lambda^1$-Dichte von $(L_n, L_n X_{L_n})$[*] bzw. äquivalent

$$(4.119) \quad f_{L_n, X_{L_n}}(k,x) = k f_{L_n}(k) \, e^{-kx} \quad (k \geq 1, \, x \geq 0)$$

---

[*] vgl. auch Beispiel A1.1 c) (Anhang); hier ist μ das abzählende Maß

eine $\mu \otimes \lambda^1$-Dichte von (L_n, X_{L_n}) ist. Für $n = 0$ ist dies nach Voraussetzung trivial. Es gelte also (4.119) für ein $n \geq 0$. Mit (4.78) und Satz 4.1 folgt

$$(4.120) \quad f_{L_{n+1}, X_{L_{n+1}}}(k,y \mid L_n = j, X_{L_n} = x) = e^{-y}e^{-(k-j-1)x}, \quad (0 \leq y \leq x, \ 1 \leq j < k)$$

also nach Integration

$$(4.121) \quad f_{L_{n+1}, X_{L_{n+1}}}(k,y) = \sum_{j=1}^{k-1} j \, f_{L_n}(j) \int_y^\infty e^{-y} \, e^{-(k-1)x} \, dx$$

$$= k \sum_{j=1}^{k-1} \frac{j}{k(k-1)} f_{L_n}(j) \, e^{-ky}$$

$$= k \sum_{j=1}^{k-1} f_{L_{n+1}}(k \mid L_n = j) \, f_{L_n}(j) \, e^{-ky}$$

$$= k \, f_{L_{n+1}}(k) \, e^{-ky},$$

d.h. (4.119) gilt dann auch für $n + 1$.

Damit ist auch die Gültigkeit von (4.118) gezeigt, aus der a) und b) sofort folgen.

Eine leichte Umformulierung von Satz 4.10 ergibt nun:

__Satz 4.11.__ Unter den Voraussetzungen von Satz 4.10 gilt:

a) $-\log X_{L_n} - \log L_n$ ist doppelt-exponentialverteilt mit Verteilungsfunktion G_1 für alle $n \geq 0$.

b) $\log L_n$ und $\log X_{L_n} + \log L_n$ sind unabhängig für alle $n \geq 0$.

Insbesondere Teil b) des Satzes zeigt also, daß unter den angegebenen Voraussetzungen $\log X_{L_n}$ als Summe der voneinander unabhängigen Zufallsvariablen $\log X_{L_n} + \log L_n$ und $-\log L_n$ aufgefaßt werden kann, d.h. es gilt insbesondere

$$(4.122) \quad \mathrm{Var}(\log X_{L_n}) = \mathrm{Var}(\log X_{L_n} + \log L_n) + \mathrm{Var}(\log L_n)$$
$$= \frac{\pi^2}{6} + \mathrm{Var}(\log L_n) \quad (n \geq 0)$$

nach (0.18) und Teil a) des Satzes, aus dem allein auch schon folgt, daß

$$(4.123) \quad E(\log X_{L_n}) = E(\log X_{L_n} + \log L_n) - E(\log L_n)$$
$$= -C - E(\log L_n) \quad (n \geq 0).$$

Die nachfolgenden Überlegungen zeigen nun, daß

$$E(\log X_{L_n}) = n + 1 + o(1)$$
$$(4.124) \qquad\qquad\qquad\qquad (n \to \infty)$$
$$\mathrm{Var}(\log X_{L_n}) = n + 1 + o(1)$$

gilt, so daß wegen der Verteilungsgleichheit von $\{L_n\}$ und $\{U_n\}$ (4.122) und (4.123) die Beziehung (4.66) nach sich ziehen.

Hierzu bemerken wir, daß mit $\{X_n\}$ auch die durch

$$(4.125) \quad Y_n = -\log(1 - \exp(-X_n)), \quad n \in \mathbb{N}$$

definierte Folge $\mathcal{E}(1)$-verteilt ist, wobei jetzt aber

$$(4.126) \quad Y_{U_n} = -\log(1 - \exp(-X_{L_n})) \quad \text{bzw.} \quad X_{L_n} = -\log(1 - \exp(-Y_{U_n})), \quad n \geq 0$$

gilt. Nach Lemma 4.3 ist also

$$(4.127) \quad Y_{U_n} - \frac{1}{\exp(Y_{U_n}) - 1} \leq -\log X_{L_n} \leq Y_{U_n}, \quad n \geq 0$$

und andererseits nach Lemma 4.2 $\{Y_{U_n}\} = \{S_{n+1}\}$ Ankunftszeitenfolge eines Poisson-Prozesses mit Intensität 1. Nach (4.110) folgt also

$$(4.128) \quad n + 1 - \frac{1}{n}\left(\frac{2}{3}\right)^n \leq E(-\log X_{L_n}) \leq n + 1, \quad n \geq 0,$$

d.h. $E(-\log X_{L_n}) = n + 1 + o(1) \quad (n \to \infty)$.

Analog läßt sich auch $\mathrm{Var}(-\log X_{L_n}) = n + 1 + o(1) \quad (n \to \infty)$ schließen, womit (4.124) gezeigt ist.

Die obige Rechnung zeigt, daß für die Zufallsvariablen $-\log X_{L_n}$ des Satzes 4.10 wieder eine Approximation der Form

$$(4.129) \quad -\log X_{L_n} = S_{n+1} + o(1) \quad \text{fast sicher} \ (n \to \infty)$$

gegeben ist, wobei $\{S_{n+1}\}$ die aus (4.127) abgeleitete Ankunftszeitenfolge eines Poisson-Prozesses mit Intensität 1 ist.

Hiermit ergibt sich auch ein alternativer Beweis eines Teils des Satzes 4.5, da sich z.B. mit dem Borel-Cantelli-Lemma zeigen läßt, daß die im Teil a) des Satzes betrachtete Folge bei Division durch $\sqrt{n}$ fast sicher gegen Null strebt.

Wir wollen uns nun noch mit möglichen Grenzverteilungen von $\{X_{U_n}\}$ bzw. $\{X_{L_n}\}$ - nach geeigneter Normalisierung - beschäftigen.

Die Bemerkung im Anschluß an Lemma 4.2 zeigt, daß bei zugrundeliegender Exponentialverteilung $\mathcal{E}(\lambda)$ die Rekorde $\{X_{U_n}\}$ die Ankunftszeitenfolge eines Poisson-Prozesses mit Intensität λ bilden und daher unabhängige, $\mathcal{E}(\lambda)$-verteilte Zuwächse besitzen. Nach dem zentralen Grenzwertsatz folgt daher in diesem Fall .

$$(4.130) \quad \lim_{n \to \infty} P(\frac{\lambda}{\sqrt{n}} X_{U_n} - \sqrt{n} \leq x) = \Phi(x) \ (x \in \mathbb{R}) \ ,$$

d. h. die Verteilung der geeignet normalisierten, streng monotonen Teilfolge $\{X_{U_n}\}$ der Maxima $\{M_n\}$ konvergiert <u>nicht</u> (schwach) gegen eine Extremwertverteilung, sondern gegen die Normalverteilung!

Es läßt sich allerdings zeigen, daß wiederum nur drei Grenzverteilungstypen für die schwachen Grenzwerte der Verteilungen der Rekorde möglich sind, welche in engem Zusammenhang mit den Grenzverteilungstypen I, II und III für Maxima stehen.

Satz 4.12. (Resnick) Es sei G^* eine nicht-entartete Verteilungsfunktion. Falls dann Konstanten $\alpha_n > 0$, $\beta_n \in \mathbb{R}$ existieren derart, daß

$$(4.131) \quad P(\alpha_n (X_{U_n} - \beta_n) \leq x) \to G^*(x) \qquad (n \to \infty)$$

gilt für alle Stetigkeitspunkte x von G^*, so ist G^* notwendig von der Form

$$(4.132) \quad G^*(x) = \Phi(-2 \log(-\log G(x))) , \qquad x \in \mathbb{R},$$

wobei G Extremwertverteilungsfunktion (für Maxima) vom Typ I, II oder III ist. Notwendig und hinreichende Bedingung für (4.131) ist dabei

$$(4.133) \quad F^* = 1 - \exp\left(-\sqrt{-\log(1-F)}\right) \in \mathcal{D}(G)$$

Die Folgen $\{\alpha_n\}$ und $\{\beta_n\}$ können dabei wie folgt gewählt werden (mit $R(x)$ aus (4.85)):

für $F^* \in \mathcal{D}(G_1)$: $\quad \alpha_n = \dfrac{1}{g^*(R^{-1}(n))} , \quad \beta_n = R^{-1}(n)^{*)}$ mit $G^*(x) = \Phi(2x), x \in \mathbb{R},$

(4.134) wobei g^* aus (2.3) bzw. (2.4) für F^* zu bestimmen ist.

für $F^* \in \mathcal{D}(G_{2,\frac{\alpha}{2}})$: $\quad \alpha_n = \dfrac{1}{(R^{-1}(n))} , \quad \beta_n = 0$

$(4.135) \qquad\qquad$ mit $G^*(x) = \Phi(\alpha \log x), \quad x > 0$

für $F^* \in \mathcal{D}(G_{3,\frac{\alpha}{2}})$: $\quad \alpha_n = \dfrac{1}{x_R - R^{-1}(n)} , \quad \beta_n = x_R$

$(4.136) \qquad\qquad$ mit $G^*(x) = \Phi(-\alpha \log(-x)), \quad x < 0$

Beweis: Es reicht, (4.131) und (4.132) für $\{R^{-1}(S_n)\}$ statt $\{X_{U_n}\}$ zu zeigen, wobei $\{S_n\}$ Ankunftszeitenfolge eines Poisson-Prozesses mit Intensität 1 ist (vgl. die Bemerkung zu Lemma 4.2).

---

*) Es ist $R^{-1}(y) = F^{-1}(1 - e^{-y}), y > 0.$

Es gelte also

$$(4.137) \quad P(\alpha_n(R^{-1}(S_n) - \beta_n) \leq x) = P\left(\frac{S_n - n}{\sqrt{n}} \leq \frac{R(\frac{x}{\alpha_n} + \beta_n) - n}{\sqrt{n}}\right)$$

$$\to G^*(x) \quad (n \to \infty)$$

für alle Stetigkeitspunkte x von G^*.

Es bezeichne

$$(4.138) \quad g_n(x) = \frac{R(\frac{x}{\alpha_n} + \beta_n) - n}{\sqrt{n}} \quad , \quad x \in \mathbb{R}.$$

Dann existiert eine schwach monoton wachsende Funktion
$g: M \to \mathbb{R}$ mit $M = \{x \mid 0 < G^*(x) < 1\}$ und $g(x) = \lim_{n \to \infty} g_n(x)$ für alle Stetig-
keitspunkte $x \in M$ von G^*.
Dies sieht man so: Sei F_n die Verteilungsfunktion von $\frac{S_n - n}{\sqrt{n}}$ und $\{g_n\}$ eine
Folge mit $g_n \to x \in \mathbb{R}$ $(n \to \infty)$.
Dann gilt

$$(4.139) \quad \lim_{n \to \infty} F_n(g_n) = \Phi(x) .$$

Nach dem zentralen Grenzwertsatz und dem Übertragungssatz von Skorokhod
(Satz 1.2) gibt es nämlich Zufallsvariablen V_n, V mit Verteilungsfunktionen
F_n und Φ derart, daß

$$(4.140) \quad V_n \to V \quad \text{fast sicher } (n \to \infty) .$$

Dann gilt aber auch

$$V_n - g_n + x \to V \quad \text{fast sicher } (n \to \infty) ,$$

so daß

$$(4.141) \quad F_n(g_n) = P(V_n \leq g_n) = P(V_n - g_n + x \leq x) \to P(V \leq x) = \Phi(x) \quad (n \to \infty) .$$

Sei nun x Stetigkeitspunkt von G^* mit $x \in M$. Angenommen, es seien $y \neq z$ zwei (reelle) Häufungspunkte von $\{g_n(x)\}$. Es gibt dann Teilfolgen $\{k_n\}$ und $\{j_n\}$ derart, daß $g_{k_n}(x) \to y$, $g_{j_n}(x) \to z$ $(n \to \infty)$, also mit (4.139):

$$(4.142) \quad P(\alpha_{k_n}(R^{-1}(S_{k_n}) - \beta_{k_n}) \leq x) = F_n(g_{k_n}(x)) \to \Phi(y),$$

$$(n \to \infty)$$

$$(4.143) \quad P(\alpha_{j_n}(R^{-1}(S_{j_n}) - \beta_{j_n}) \leq x) = F_n(g_{j_n}(x)) \to \Phi(z),$$

mit $\Phi(y) \neq \Phi(z)$: Widerspruch zu (4.129) !

Analog zeigt man, daß auch $+\infty$ und $-\infty$ keine Häufungspunkte von $\{g_n(x)\}$ sein können (sonst wäre für entsprechende Teilfolgen $\{k_n\}$ und $\{j_n\}$ $F_n(g_{k_n}(x)) \to 1$, $F_n(g_{j_n}(x)) \to 0$ $(n \to \infty)$).
Somit existiert obiges $g(x)$.

Seien nun $x, y \in M$ Stetigkeitspunkte von G^* mit $x < y$. Dann folgt mit (4.139)

$$(4.144) \quad P(\alpha_n(R^{-1}(S_n) - \beta_n) \leq x) = F_n(g_n(x)) \to g^*(x) = \Phi(g(x))$$

$$(n \to \infty)$$

$$(4.145) \quad P(\alpha_n(R^{-1}(S_n) - \beta_n) \leq y) = F_n(g_n(y)) \to g^*(y) = \Phi(g(y))$$

also wegen $G^*(x) \leq G^*(y)$: $\Phi(g(x)) \leq \Phi(g(y))$ und damit $g(x) \leq g(y)$. Da die Stetigkeitspunkte von G^* aber dicht liegen, läßt sich g (z.B. über rechtsseitige Limites) auf ganz M als schwach monotone Funktion mit der gewünschten Limes-Eigenschaft definieren.

Aus (4.138) folgt dann auch die Beziehung (vgl. (4.144) und (4.145))

$$(4.146) \quad G^*(x) = \Phi(g(x))$$

für alle Stetigkeitspunkte $x \in M$ von G^*, und mit der obigen Erweiterung von g dann sogar für alle $x \in M$.

Weiter gilt (mit $\alpha_t = \alpha_{[\![t]\!]}$, $\beta_t = \beta_{[\![t]\!]}$, $g_t(x) = \dfrac{R(\frac{x}{\alpha_t} + \beta_t) - t}{\sqrt{t}}$, $t > 0$) :

$$(4.147) \quad g_t(x) = \frac{1}{\sqrt{t}} \left[\sqrt{R\left(\frac{x}{\alpha_t} + \beta_t\right)} - \sqrt{t} \right] \left[\sqrt{R\left(\frac{x}{\alpha_t} + \beta_t\right)} + \sqrt{t} \right]$$

$$= \left[\sqrt{R\left(\frac{x}{\alpha_t} + \beta_t\right)} - \sqrt{t} \right] \left[\sqrt{1 + \frac{g_t(x)}{\sqrt{t}}} + 1 \right],$$

also

$$(4.148) \quad \sqrt{R\left(\frac{x}{\alpha_t} + \beta_t\right)} - \sqrt{t} \sim \sqrt{R\left(\frac{x}{\alpha_t} + \beta_t\right)} - \sqrt{[\![t]\!]} \to \tfrac{1}{2} g(x) \quad (t \to \infty)^{*)}$$

bzw. nach Anwendung von exp(-.)

$$(4.149) \quad e^{\sqrt{t}}\left(1 - F^*\left(\frac{x}{\alpha_t} + \beta_t\right)\right) \to \exp\left(-\tfrac{1}{2} g(x)\right) \quad (t \to \infty) \quad \text{bzw.}$$

$$(4.150) \quad n\left(1 - F^*\left(\frac{x}{\alpha_n^*} + \beta_n^*\right)\right) \to \exp\left(-\tfrac{1}{2} g(x)\right) \quad (n \to \infty)$$

mit

$$(4.151) \quad \alpha_n^* = \alpha_{[\![\log^2 n]\!]}, \qquad \beta_n^* = \beta_{[\![\log^2 n]\!]} \ .$$

Nach Lemma 2.3 folgt somit

$$(4.152) \quad \left(F^*\left(\frac{x}{\alpha_n^*} + \beta_n^*\right)\right)^n \to \exp\left(-\exp\left(-\tfrac{1}{2} g(x)\right)\right) \quad (n \to \infty) \ ,$$

so daß nach Satz 1.4 gilt:

$$(4.153) \quad \exp\left(-\exp\left(-\tfrac{1}{2} g(x)\right)\right) = G(x) \qquad (x \in M)$$

für eine Extremwertverteilung G (für Maxima) vom Typ I, II oder III (für die dann auch $F^* \in \mathcal{D}(G)$ ist wegen (4.144)), bzw.

$$(4.154) \quad G^*(x) = \Phi(g(x)) = \Phi(-2\log(-\log G(x))), \quad x \in M.$$

Durch Limesbetrachtungen $x \to \pm \infty$ sieht man dann, daß (4.154) sogar für alle $x \in \mathbb{R}$ gilt.

---

*) Es ist $\sqrt{t} - \sqrt{[\![t]\!]} = \dfrac{t - [\![t]\!]}{\sqrt{t} + \sqrt{[\![t]\!]}} = 0\left(\frac{1}{\sqrt{t}}\right)$, $t \to \infty$

Eine Umkehrung der obigen Argumentation zeigt, daß im Fall von $F^* \in \mathcal{D}(G)$ auch (4.131) gilt, mit

$$(4.155) \quad \alpha_n = \alpha^*_{[\![e^{\sqrt{n}}]\!]} \cdot \beta_n = \beta^*_{[\![e^{\sqrt{n}}]\!]}, \quad n \in \mathbb{N}.$$

Sei nun

$$(4.156) \quad \gamma^*_n = F^{*-1}(1 - \tfrac{1}{n}) = R^{-1}(\log^2 n), \quad n \geq 1.$$

Dann folgen sofort (4.134) bis (4.136) aus Satz 2.1 ((2.7) bis (2.9)), da nach 4.155) $\gamma^*_{[\![e^{\sqrt{n}}]\!]} = R^{-1}(n)$ gilt.

Ferner ist nach (4.132)

$$(4.157) \quad G^*(x) = \Phi(-2\log(-\log G(x))) = \begin{cases} \Phi(2x), & x \in \mathbb{R} \ (G = G_1) \\ \Phi(\alpha \log x), & x > 0 \ (G = G_{2,\frac{\alpha}{2}}) \\ \Phi(-\alpha \log(-x)), & x < 0 \ (G = G_{3,\frac{\alpha}{2}}) \end{cases}$$

Der Satz ist damit bewiesen.

Ein entsprechender Satz läßt sich natürlich völlig analog für $\{X_{L_n}\}$ formulieren.

Es hat nicht an Versuchen gefehlt, die obige Modellbildung (mathematischer) Rekorde anhand von Daten aus dem Sportbereich zu überprüfen. Das etwa durch die Sätze 4.2 und 4.3 angedeutete Phänomen der relativen Seltenheit neuer Rekorde in diesem Modell - im krassen Gegensatz zur sportlichen Wirklichkeit - zeigt jedoch, daß die bisher betrachtete Modellierung die tatsächliche Situation nicht gut beschreibt. Man hat deshalb etwa seit Mitte der 70er Jahre versucht, das verhältnismäßig schnelle Aufstellen neuer (sportlicher) Rekorde durch andere Modelle zu erfassen. So hat beispielsweise Yang (1975) versucht, dieses Phänomen durch das geometrische Auswachsen der Weltbevölkerung zu erklären, indem er annahm, daß die $\{X_n\}$ zwar unabhängig sind, jedoch verteilungsmäßig bestimmt sind durch

$$(4.158) \quad \{X_n\} \overset{\mathcal{D}}{=} \{\max(Z_{n1},\ldots,Z_{n\alpha_n})\}$$

wobei die $\{Z_{nj} \mid 1 \le j \le \alpha_n\}$ stochastisch unabhängige, identisch verteilte Zufallsvariablen mit stetiger Verteilungsfunktion F sind und $\{\alpha_n\}$ geometrisch wächst, d.h.

$$(4.159) \quad \alpha_n = [\![\lambda^{n-1}]\!] \quad (n \in \mathbb{N})$$

gilt mit einer Wachstumsrate $\lambda \ge 1$. Definiert man wieder die Rekordzeiten $\{U_n\}$ (bzw. $\{L_n\}$) wie in (4.1) – entsprechend $\{\Delta_n\}$ –, so ergibt sich:

Satz 4.13. (Yang). Unter den obigen Annahmen gilt:
Die Verteilung von $\{U_n\}$ (bzw. $\{L_n\}$) und $\{\Delta_n\}$ ist unabhängig von F, und es gilt

$$(4.160) \quad \lim_{n \to \infty} P(\Delta_n = k) = (\lambda - 1)\lambda^{-k} = p(1 - p)^{k-1} \quad (k \in \mathbb{N})$$

mit

$$(4.161) \quad p = 1 - \frac{1}{\lambda} \, .$$

Da sich die Weltbevölkerung seit 1900 etwa alle 36 Jahre verdoppelt hat und eine olympische Periode 4 Jahre beträgt, ergibt sich etwa für diesen Fall

$$(4.162) \quad \lambda^9 = 2 \quad \text{bzw.} \quad \lambda = 1,08.$$

Das bedeutet, daß wegen (4.160)

$$(4.163) \quad \lim_{n \to \infty} E(\Delta_n) = \frac{1}{p} = \frac{\lambda}{\lambda - 1} = 13,5 \ \text{(Jahre)}$$

zu erwarten ist. Ein Vergleich der Daten aus den letzten 5 Olympischen Spielen vor 1972 zeigt jedoch, daß die mittlere Wartezeit $E(\Delta_n)$ zwischen dem Aufstellen neuer Rekorde erheblich kürzer ist. So gilt etwa (empirisch)

- für den 200-m-Lauf: $E(\Delta_n) \approx 1$
- für den Marathon-Lauf: $E(\Delta_n) \approx 2,4$
- für den Weitsprung: $E(\Delta_n) \approx 2,6$!

(Dies zeigt, daß das schnelle Verbessern sportlicher Rekorde jedenfalls nicht allein auf ein größeres Potential an Wettbewerbsteilnehmern zurückgeführt werden kann, sondern z.B. auch von verbesserten Trainingsbedingungen usw. abhängt.)

Wie man aufgrund von (4.158) sofort sieht, besitzen die X_n Verteilungsfunktionen F_n mit

$$(4.164) \quad F_n(x) = F^{\alpha_n}(x), \quad x \in \mathbb{R}, \, n \in \mathbb{N}.$$

Solche Modelle - mit beliebigen reellen α_n - wurden von Nevzorov (1986, 1988) untersucht. Ähnlich wie im Fall identischer Verteilungen erhält man hier:

__Satz 4.14.__ (Nevzorov). Es sei $A(n) = \sum\limits_{k=1}^{n} \alpha_k$ mit $A(n) \to \infty$ $(n \to \infty)$. Dann sind die durch

$$(4.165) \quad I_n = \begin{cases} 1, X_n > \max(X_1,...,X_{n-1}) \\ \\ 0, \text{ sonst} \end{cases} \quad (n \geq 2)$$

$$\text{mit } I_1 = 1$$

definierten Zufallsvariablen unabhängig mit

$$(4.166) \quad P(I_n = 1) = p_n = \frac{\alpha_n}{A(n)} \, , \, n \in \mathbb{N},$$

und die Folge $\{U_n\}$ ist eine homogene Markoff-Kette mit

$$(4.167) \quad P(U_{n+1} = k \mid U_n = j) = \frac{\alpha_k A(j)}{A(k-1)A(k)} \, , \, 1 \leq j < k, \, n \geq 0.$$

Die Beziehung (4.167) läßt sich auch schreiben als

$$(4.168) \quad P(U_{n+1} > k \mid U_n = j) = \frac{A(j)}{A(k)}, \quad 1 \le j < k, \ n \ge 0.$$

Der Beweis des Satzes läßt sich analog den Beweisen zu Satz 4.1 und Satz 4.2 führen.

Für $\alpha_n = \lambda^{n-1}$ erhält man $A(n) = \frac{\lambda^n - 1}{\lambda - 1}$ ($\lambda > 1$), also

$$(4.169) \quad p_n = \frac{\alpha_n}{A(n)} = \frac{\lambda^n - \lambda^{n-1}}{\lambda^n - 1} \to 1 - \frac{1}{\lambda} = p \ (n \to \infty),$$

was Satz 4.13 anschaulich erklärt (d.h. die Folge $\{I_n\}$ ist unabhängig und asymptotisch identisch verteilt mit Trefferwahrscheinlichkeit p).

Wählt man speziell $F(x) = G_1(x) = e^{-e^{-x}}$ ($x \in \mathbb{R}$), so ist

$$(4.170) \quad F^{\alpha_n}(x) = e^{-\alpha_n e^{-x}} = e^{-e^{-(x - \log \alpha_n)}} = F(x - \log \alpha_n) \quad (x \in \mathbb{R}, \ n \in \mathbb{N}),$$

d.h. es gilt

$$(4.171) \quad \{X_n\} \overset{\mathcal{D}}{=} \{Z_n + \log \alpha_n\},$$

wobei $\{Z_n\}$ eine unabhängige Folge mit Verteilungsfunktion F bildet. Im Yang-Modell ist dann (im wesentlichen)

$$(4.172) \quad \log \alpha_n \approx n \log \lambda \ (n \in \mathbb{N}).$$

Lineare Trendmodelle dieser Art wurden von Ballerini und Resnick (1985) erfolgreich im Zusammenhang mit dem Einmeilen-Lauf untersucht (auch für allgemeinere Verteilungsfunktionen F). Ist beispielsweise $\lambda > 1$ und existiert $E(Z_1)$, dann existiert eine Zahl $p \in [0,1]$ (in Abhängigkeit von F und λ), so daß - mit der Bezeichnung von (4.165) - gilt

$$(4.173) \quad \frac{1}{n} \sum_{k=1}^{n} I_k \to p \ \text{ fast sicher } (n \to \infty).$$

Ist F streng monoton auf $\mathbb{R}$, so ist sogar $0 < p < 1$ (p heißt asymptotische Rekord-Rate). Beispielsweise ist für $F = G_1$ $p = 1 - \frac{1}{\lambda}$ nach (4.161) und (4.171), und etwa für $F = \Phi$ (mit $\lambda = e$) $p = 0,72506$.

Anmerkungen zum Text.

Die Ausführungen dieses Abschnitts orientieren sich überwiegend an der hierzu existierenden Originalliteratur. Die Sätze 4.1 und 4.2 wurden z.T. von Rényi (1962) bewiesen, die Sätze 4.4, 4.6 und 4.10 gehen auf Pfeifer (1981, 1984 c, 1986, 1987, 1988) zurück. Die Sätze 4.8 und 4.9 sind Deheuvels (1983 b, 1984 a) entnommen; vgl. auch Pfeifer (1985 a). Zum Themenkreis des Satzes 4.7 vgl. Shorrock (1972, 1973). Bezüglich Satz 4.12 siehe Resnick (1987), Abschnitt 4.2.

Ein Teil des hier behandelten Stoffes über Rekorde findet sich auch in Resnick (1987), Abschnitt 4.1 sowie Galambos (1987), Abschnitte 6.3 und 6.4.

Anmerkungen zur Literatur.

Der Themenkreis "Rekorde" wurde vermutlich erstmalig von Chandler (1952) behandelt, zu dem er nach eigenen Angaben durch die Häufigkeit der Berichterstattung extremer Wetterbedingungen in Zeitungen kam. In Buchform wurde das Gebiet bisher nur von Galambos (1987) und Resnick (1987) behandelt, der selbst mit zahlreichen Arbeiten zur Entwicklung der Theorie beitrug. Demgegenüber geht die Zahl der zu diesem Themenkreis gehörigen Originalarbeiten in die Dutzende. Der Übersichtsartikel von Glick (1978) zählt 45, der von Nevzorov (1988) bereits 166 Arbeiten. Weitere Übersichtsartikel stammen von Nagaraja (1988), Gut (1988) und Pfeifer und Zhang (1989).
Angesichts der für die Praxis unbefriedigenden Resultate für die Rekorde unabhängiger und identisch verteilter Zufallsvariablen $\{X_n\}$ wurden in letzter Zeit vor allem auch Modelle betrachtet, in denen diese Voraussetzungen abge-

schwächt oder modifiziert wurden. Neben den schon erwähnten Arbeiten sind hier beispielhaft noch zu nennen: Biondini und Siddiqui (1975), Pfeifer (1984 b) und Rootzén (1988) (Markov-Modelle), Gaver (1976) (Einbettung in stochastische Prozesse), Pfeifer (1982 a,b, 1983, 1984 a) (Änderung der Verteilung nach jedem neuen Rekord), de Haan und Verkade (1987), Ballerini und Resnick (1987 a,b) (Trendmodelle), Haiman (1987) (stationäre Folgen). In jüngster Zeit sind auch Martingalzugänge betrachtet worden (Nevzorov (1988), Gut (1988)).
Eine Erweiterung des Sekretärinnenproblems im Sinne des Nevzorov-Modells wird in Pfeifer (1989) behandelt, Beziehungen zwischen Rekorden und einigen Fragestellungen des Operations Research in Pfeifer (1978, 1985 b). Kombinatorische Probleme im Zusammenhang mit Rekorden werden in Goldie (1989) behandelt.

§ 5 Extremale Prozesse

In diesem Abschnitt wollen wir uns mit dem Konvergenzverhalten nicht nur der normalisierten Extrema $\{A_n(M_n - B_n)\}$ bzw. $\{a_n(m_n - b_n)\}$ beschäftigen, sondern allgemeiner der normalisierten stochastischen Prozesse

$$\{Y_n(t) \mid t > 0\} = \{A_n(M_{\llbracket nt\rrbracket} - B_n) \mid t > 0\} \text{ bzw. } \{y_n(t) \mid t > 0\} = \{a_n(m_{\llbracket nt\rrbracket} - b_n) \mid$$

$t > 0\}$, aufgefaßt als "zufällige Funktionen" mit Zeitparameter $t > 0$. [*]

Die hieraus resultierenden (schwachen) Grenzprozesse heißen extremale Prozesse und erlauben vielfältige Einsichten in die strukturellen Besonderheiten von Extrema unabhängiger Zufallsvariablen.

Definition 5.1 (F-extremaler Prozeß)

Ein (homogener) Markoff'scher Sprungprozeß $\{E(t) \mid t \geq 1\}$ heißt F-extremaler Prozeß (für Maxima), wenn gilt:

$$(5.1) \qquad P(E(1) \leq x) = F(x), \quad x \in \mathbb{R}$$

$$(5.2) \qquad P(E(t) \leq y \mid E(s) = x) = F^{t-s}(y) \, I(x \leq y), \quad 1 \leq s \leq t, \quad x,y \in \mathbb{R}.$$

Ein (homogener) Markoff'scher Sprungprozeß $\{e(t) \mid t \geq 1\}$ heißt F-extremaler Prozeß (für Minima), wenn statt (5.2) gilt:

$$(5.3) \qquad P(e(t) > y \mid e(s) = x) = (1 - F(y))^{t-s} \, I(x \geq y), \quad 1 \leq s \leq t, \quad x,y \in \mathbb{R}.$$

Die Bedeutung eines F-extremalen Prozesses liegt - neben gewissen Grenzwerteigenschaften - vor allem darin, daß er (in einem noch zu präzisierenden Sinn) die Folgen $\{M_n\}$ bzw. $\{m_n\}$ "interpoliert":

Lemma 5.1. Unter den Voraussetzungen von Definition 5.1, (0.1) und (0.4) gilt:

$$(5.4) \qquad P\left(\bigcap_{i=1}^{k} \{E(t_i) \leq x_i\}\right) = F^{t_1}(x_1) \prod_{i=2}^{k} F^{t_i - t_{i-1}}(x_i)$$

$$(1 \leq t_1 < \dots < t_k, \ x_1 \leq \dots \leq x_k, \ k \in \mathbb{N})$$

---

[*] dabei ist $M_o = 0$ o. ä. zu wählen

$$(5.5) \quad P\Big(\bigcap_{i=1}^{k} \{e(t_i) > y_i\}\Big) = (1 - F(y_1))^{t_1} \prod_{i=2}^{k} (1 - F(y_i))^{t_i - t_{i-1}}$$

$$(1 \leq t_1 < \ldots < t_k, \; y_1 \geq \ldots \geq y_k, \; k \in \mathbb{N}).$$

Ferner gilt: Die Folge $\{E(n)\}$ ist verteilt wie die Folge $\{M_n\}$, bzw. $\{e(n)\}$ ist verteilt wie $\{m_n\}$.

Beweis: (5.4) und (5.5) ergeben sich unmittelbar durch iterierte Integration aus (5.1) und (5.2) bzw. (5.3). So ist etwa

$$P(E(t) \leq x) = \int P(E(t) \leq x \mid E(1) = z) \; P^{E(1)}(dz)$$

$$(5.6) \quad = \int_{-\infty}^{x} F^{t-1}(x) \; P^{E(1)}(dz) = F^{t-1}(x) \; P(E(1) \leq x) = F^{t-1}(x) \; F(x)$$

$$= F^{t}(x) \quad (t \geq 1, \; x \in \mathbb{R})$$

(dies ist (5.4) für $k = 1$)   oder

$$P(E(t) \leq x, \; E(s) \leq y) = \int_{-\infty}^{y} P(E(t) \leq x \mid E(s) = z) \; P^{E(s)}(dz)$$

$$(5.7) \quad = \int_{-\infty}^{y} F^{t-s}(x) \; P^{E(s)}(dz) = F^{t-s}(x) \; F^{s}(y) \quad (1 \leq s \leq t, \; y \leq x)$$

(dies ist (5.4) für $k = 2$) usw.; analog für $\{e(t) \mid t \geq 1\}$.

Die andere Behauptung ergibt sich aus Beispiel A1.3 (Anhang), da $\{E(n)\}$ eine Markoff-Kette ist mit

$$(5.8) \quad P(E(n+1) \leq y \mid E(n) = x) = F(y) \; I(y \geq x) = P(M_{n+1} \leq y \mid M_n = x)$$

$$(n \in \mathbb{N}, \; x, y \in \mathbb{R})$$

nach (A1.24) sowie

$$(5.9) \quad P(E(1) \leq x) = F(x) = P(M_1 \leq x) \qquad (x \in \mathbb{R});$$

analog für $\{e(t) \mid t \geq 1\}$.

Ähnlich wie in Kapitel 4 läßt sich sogar zeigen, daß - evtl. nach Vergrößerung des zugrundeliegenden Wahrscheinlichkeitsraumes $(\Omega,\mathcal{A},P)$ - stets ein F-extremaler Prozeß auf $(\Omega,\mathcal{A},P)$ existiert, der $\{M_n\}$ bzw. $\{m_n\}$ fast sicher "interpoliert", d.h. für den

$$E(n) = M_n \ (\text{bzw. } e(n) = m_n) \ \text{fast sicher}$$

für alle $n \in \mathbb{N}$ gilt (vgl. auch Resnick (1987), Chapter 4).

Für ganzzahlige Werte $1 \leq t_1 < \ldots < t_k$ ergeben also die Beziehungen (5.4) und (5.5) zugleich die gemeinsame Verteilung von $(M_{t_1},\ldots,M_{t_k})$ bzw. $(m_{t_1},\ldots,m_{t_k})$.

Das Sprungverhalten F-extremaler Prozesse beschreibt das folgende Resultat:

Satz 5.1. Sind unter den Voraussetzungen von Lemma 5.1 $\{T_k\}$ bzw. $\{\tau_k\}$ die Sprungzeiten eines F-extremalen Prozesses $\{E(t) \mid t \geq 1\}$ für Maxima bzw. $\{e(t) \mid t \geq 1\}$ für Minima, so gilt:

a) $\{E(T_k)\}$ bildet eine reguläre homogene Markoff-Kette mit Übergangswahrscheinlichkeiten

$$(5.10) \quad P(E(T_k) > y \mid E(T_{k-1}) = x) = \frac{-\log F(y)}{-\log F(x)}, \ k \in \mathbb{N}, \ x_L < x \leq y$$

(wobei $T_o = 1$ zu setzen ist)

b) $\{T_k - T_{k-1} \mid 1 \leq k \leq n\}$ sind bedingt unabhängig unter $\{E(T_k) \mid 0 \leq k \leq n\}$

mit

$$(5.11) \quad P(\bigcap_{k=1}^{n} \{T_k - T_{k-1} > t_k\} \mid E(T_o) = x_o, \ldots, E(T_k) = x_k) =$$

$$\prod_{k=1}^{n} P(T_k - T_{k-1} > t_k \mid E(T_{k-1}) = x_{k-1}) = \prod_{k=1}^{n} F^{t_k}(x_{k-1})$$

$$(n \in \mathbb{N}, \ t_1, \ldots, t_n > 0, \ x_o, \ldots, x_n \in \mathbb{R})$$

c) $\{e(\tau_k)\}$ bildet eine reguläre homogene Markoff-Kette mit Übergangswahrscheinlichkeiten

$$(5.12) \quad P(e(\tau_k) \leq y \mid e(\tau_{k-1}) = x) = \frac{-\log(1-F(y))}{-\log(1-F(x))}, \quad y \leq x < x_R$$

(wobei $\tau_o = 1$ zu setzen ist)

d) $\{\tau_k - \tau_{k-1} \mid 1 \leq k \leq n\}$ sind bedingt unabhängig unter $\{e(\tau_k) \mid 0 \leq k \leq n\}$ mit

$$(5.13) \quad P(\bigcap_{k=1}^{n} \{\tau_k - \tau_{k-1} > t_k\} \mid e(\tau_o) = x_o, \ldots, e(\tau_k) = x_k) =$$

$$\prod_{k=1}^{n} P(\tau_k - \tau_{k-1} > t_k \mid e(\tau_{k-1}) = x_{k-1}) = \prod_{k=1}^{n} (1 - F(x_{k-1}))^{t_k} .$$

Beweis: a): Nach Satz A1.5 (Anhang), Teil d) folgt, daß $\{E(T_k)\}$ eine homogene Markoff-Kette bildet mit

$$(5.14) \quad P(E(T_k) \in (x,y] \mid E(T_{k-1}) = x) =$$

$$\lim_{h \downarrow o} \frac{P(E(t+h) \in (x,y] \mid E(t)=x)}{P(E(t+h) \in (x,\infty) \mid E(t)=x)} = \lim_{h \downarrow o} \frac{P(E(1+h) \in (x,y] \mid E(0)=x)}{P(E(1+h) \in (x,\infty) \mid E(0)=x)} =$$

$$\lim_{h \downarrow o} \frac{F^h(y) - F^h(x)}{1 - F^h(x)} = \lim_{h \downarrow o} \left[1 - \frac{1 - F^h(y)}{1 - F^h(x)} \right] =$$

$$1 - \frac{\lim_{h \downarrow o} \left[\frac{1 - F^h(y)}{h} \right]}{\lim_{h \downarrow o} \left[\frac{1 - F^h(x)}{h} \right]} = 1 - \frac{-\log F(y)}{-\log F(x)} \qquad \text{(nach (5.2))},$$

$k \in \mathbb{N}$, $t \geq 1$, $x_L < x \leq y$, woraus sich unmittelbar (5.10) ergibt.

b) Dies ergibt sich sofort aus Satz A1.5 Teil b) und c), wobei (mit der dortigen Bezeichnung)

$$(5.15) \quad \lambda(x) = \lim_{h \downarrow o} \tfrac{1}{h} P(E(t + h) \neq x \mid E(t) = x) =$$

$$\lim_{h \downarrow o} \tfrac{1}{h} P(E(1 + h) > x \mid E(1) = x) =$$

$$\lim_{h \downarrow o} \left[\tfrac{1 - F^h(x)}{h} \right] = - \log F(x) \quad \text{(nach (5.2))},$$

$t \geq 1$, $x > x_L$ gilt (für $x \leq x_L$ kann $\lambda(x) \equiv 0$ gesetzt werden). Es ist dann

$$(5.16) \quad P(T_k - T_{k-1} > t \mid E(T_{k-1}) = x) = e^{-\lambda(x)t} = F^t(x), \ t > 0, \ x > x_L,$$

woraus sich (5.11) ergibt.

Für Teil c) und d) des Satzes 5.1 argumentiert man vollständig analog (unter Verwendung von Beziehung (5.3) statt (5.2)).

Anschaulich spielen also die Sprungzeiten $\{T_k\}$ bzw. $\{\tau_k\}$ des F-extremalen Prozesses dieselbe Rolle wie die Rekordzeiten $\{U_n\}$ bzw. $\{L_n\}$; desgleichen für $\{E(T_k)\}$ bzw. $\{e(\tau_k)\}$ und die Folge der Rekorde $\{X_{U_n}\}$ bzw. $\{X_{L_n}\}$. Dabei gilt, daß die $\{T_k\}$ bzw. $\{\tau_k\}$ fast sicher nur in den Intervallen $(U_n-1, U_n]$ bzw. $(L_n-1, L_n]$ auftreten:

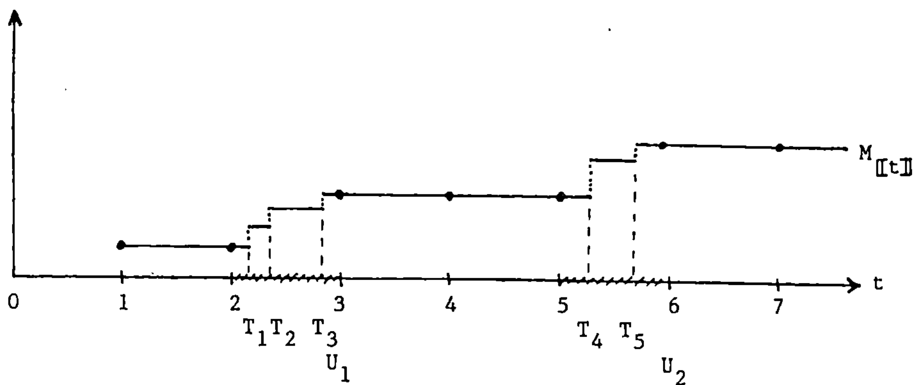

Eine erste Grenzwertaussage für extremale Prozesse beinhaltet das folgende

Lemma 5.2. Es seien G bzw. H Extremwertverteilungsfunktionen vom Typ I, II oder III für Maxima bzw. Minima. Ferner sei $F \in \mathcal{D}(G)$ bzw. $F \in \mathcal{D}(H)$ mit

$$(5.17) \quad P(A_n(M_n - B_n) \le x) \to G(x)$$

bzw.

$$(5.18) \quad P(a_n(m_n - b_n \le x) \to H(x) \qquad (n \to \infty)$$

für geeignete Folgen $\{A_n\}$, $\{B_n\}$, $\{a_n\}$, $\{b_n\}$.

Dann konvergieren sämtliche endlich-dimensionalen Randverteilungen der Prozesse $\{Y_n(t) \mid t \ge 1\}$ bzw. $\{y_n(t) \mid t \ge 1\}$ schwach gegen diejenigen eines G- bzw. H-extremalen Prozesses für Maxima bzw. Minima.

Beweis: Für $k \in \mathbb{N}$ und $0 = t_0$, $1 \le t_1 < t_2 < \ldots < t_k$, $x_1 \le \ldots \le x_k$ ist nach Lemma 5.1

$$(5.19) \quad P(\bigcap_{i=1}^{k} \{Y_n(t_i) \le x_i\}) = P(\bigcap_{i=1}^{k} \{M_{[\![nt_i]\!]} \le \frac{x_i}{A_n} + B_n\})$$

$$= \prod_{i=1}^{k} F^{[\![nt_i]\!]-[\![nt_{i-1}]\!]}(\frac{x_i}{A_n} + B_n)$$

$$= \prod_{i=1}^{k} \{F^n(\frac{x_i}{A_n} + B_n)\}^{\frac{[\![nt_i]\!]-[\![nt_{i-1}]\!]}{n}}$$

$$\to \prod_{i=1}^{k} G^{t_i - t_{i-1}}(x_i) \qquad (n \to \infty)$$

sowie für $y_1 \ge \ldots \ge y_k$

$$(5.20) \quad P(\bigcap_{i=1}^{k} \{y_n(t_i) > y_i\}) = \prod_{i=1}^{k} (1 - F(\frac{y_i}{a_n} + b_n))^{[\![nt_i]\!]-[\![nt_{i-1}]\!]}$$

$$\to \prod_{i=1}^{k} (1 - H(y_i))^{t_i - t_{i-1}} \qquad (n \to \infty).$$

Lemma 5.2 kann dazu verwendet werden, schwache Konvergenz der Prozesse $\{Y_n(t)\,|\,t \geq 1\}$ bzw. $\{y_n(t)\,|\,t \geq 1\}$ in einem geeigneten Funktionenraum zu zeigen (vgl. Resnick (1987), Abschnitt 4.4 und Pollard (1984), S. 128 - 130 und Abschnitt VI. 2.).

Betrachtet man die durch die obigen Normalisierungen entstehenden Punktprozesse

$$(5.21) \qquad \xi_n = \sum_{k=1}^{\infty} \varepsilon_{U_k/n}, \quad \zeta_n = \sum_{k=1}^{\infty} \varepsilon_{L_k/n} \qquad (n \in \mathbb{N}),$$

so ergibt sich bei Stetigkeit der Verteilungsfunktion F:

Satz 5.2. Die (einfachen) Punktprozesse $\{\xi_n\}$ bzw. $\{\zeta_n\}$ aus (5.21) konvergieren lokal-schwach gegen einen Poisson'schen Punktprozeß ξ mit Intensitätsmaß

$$(5.22) \qquad E\xi\,(A) = \int_{A \cap (0,\infty)} \frac{1}{s}\,ds \qquad\qquad (A \in \mathcal{B}^1).$$

Beweis: Wegen der Verteilungsgleichheit von $\{U_k\}$ mit $\{L_k\}$ reicht es, die Aussage für $\{U_k\}$ zu beweisen.

Nach Satz 4.2 besitzt jeder der Punktprozesse $\xi_n (n \in \mathbb{N})$ unabhängige Zuwächse, denn es gilt ebenfalls

$$(5.23) \qquad \xi_n(A) = \sum_{k=1}^{\infty} \varepsilon_{U_k/n}(A) = \sum_{k=1}^{\infty} I(\frac{U_k}{n} \in A) =$$

$$\sum_{k:\frac{k}{n} \in A} I_k \qquad\qquad (A \in \mathcal{B}^1)$$

mit der unabhängigen Folge $\{I_k\}$ aus (4.15), so daß für jede Familie $\{A_m\} \subseteq \mathcal{B}^1$ paarweise disjunkter Mengen gilt:

$$(5.24) \qquad \{\xi_n(A_m)\,|\,m \in \mathbb{N}\} = \{\sum_{k:\frac{k}{n} \in A_m} I_k\,|\,m \in \mathbb{N}\}$$

ist eine unabhängige Familie von Zufallsvariablen.

Nach Satz A2.2 und Lemma A2.1 sowie der sich daraus anschließenden Bemerkung (Anhang) reicht es also, die Konvergenz von $E\xi_n(I)$ gegen $E\xi(I)$ für Intervalle I der Form $[\frac{1}{m},t]$ ($m \in \mathbb{N}$, $t > \frac{1}{m}$) nachzuweisen. Nun ist

$$(5.25) \quad E\xi_n([\tfrac{1}{m},t]) = E\left[\sum_{k:\frac{k}{n} \in [\frac{1}{m},t]} I_k \right]$$

$$= \sum_{\frac{n}{m} \leq k \leq nt} E(I_k) = \sum_{\frac{n}{m} \leq k \leq nt} \tfrac{1}{k} = \log(nt) - \log(\tfrac{n}{m}) + o(n)$$

$$= \log(mt) + o(n) \quad (n \to \infty)$$

für jedes $m \in \mathbb{N}$, $t > \frac{1}{m}$, d.h. es gilt für diese m,t

$$(5.26) \quad \lim_{n \to \infty} E\xi_n([\tfrac{1}{m},t]) = \log(mt) = \int_{[\frac{1}{m},t]} \tfrac{1}{s}\, ds = E\xi([\tfrac{1}{m},t]).$$

Die Aussage des Satzes ist damit bewiesen (vgl. auch Definition A2.3 (Anhang)).

Eine Konsequenz des letzten Satzes für die Struktur der Sprungzeiten $\{T_k\}$ bzw. $\{\tau_k\}$ extremaler Prozesse ist

Satz 5.3. Es sei $\{E(t) \mid t \geq 1\}$ bzw. $\{e(t) \mid t \geq 1\}$ ein F-extremaler Prozeß für Maxima bzw. Minima mit stetiger Verteilungsfunktion F. Dann ist der durch

$$(5.27) \quad \xi = \sum_{k=1}^{\infty} \varepsilon_{T_k}$$

bzw.

$$(5.28) \quad \zeta = \sum_{k=1}^{\infty} \varepsilon_{\tau_k}$$

definierte Punktprozeß ein Poisson-Prozeß mit durch

$$(5.29) \quad E\xi(A) = E\zeta(A) = \int_{[1,\infty) \cap A} \tfrac{1}{s}\, ds \qquad (A \in \mathcal{B}^1)$$

gegebenem Intensitätsmaß.

Anschaulich ist diese Aussage aufgrund von Satz 5.2 klar, da nach Lemma 5.2 die Prozesse $\{Y_n(t) \mid t \geq 1\}$ bzw. $\{y_n(t) \mid t \geq 1\}$ schwach gegen G- bzw. H-extremale Prozesse konvergieren und diese normalisierten Prozesse die Sprungzeitenfolgen $\{\frac{U_k}{n} \mid k \in \mathbb{N}, \frac{U_k}{n} \geq 1\}$ bzw. $\{\frac{L_k}{n} \mid k \in \mathbb{N}, \frac{L_k}{n} \geq 1\}$ besitzen, deren abgeleitete Punktprozesse $\{\xi_n\}$ bzw. $\{\zeta_n\}$ auf $[1, \infty)$ schwach gegen den obigen Poisson-Prozeß konvergieren. Analog der Bemerkung zu Lemma 4.1 läßt sich darüberhinaus zeigen, daß bei stetigem F die Verteilung der Folgen $\{T_k\}$ bzw. $\{\tau_k\}$ unabhängig von F und daher für alle (solchen) extremalen Prozesse dieselbe ist. Für einen exakten Beweis sei auf Resnick (1987), Proposition 4.9 verwiesen.

Satz 5.3 ist somit das Analogon zu Satz 4.2; dabei entspricht im Falle der Maxima der Poisson-Prozeß ξ dem Bernoulli-Prozeß

$$(5.30) \quad \xi^* = \sum_{k=1}^{\infty} \varepsilon_{U_k} \, ,$$

d.h. es gilt

$$(5.31) \quad \xi^*(A) = \sum_{n \in [2,\infty) \cap A}^{\infty} I_n$$

mit der unabhängigen Folge $\{I_n\}$ aus (4.15).

(Für die Minima ist analog $\zeta^* = \sum_{k=1}^{\infty} \varepsilon_{L_k}$ zu wählen.)

In der Tat sind die Zufallsvariablen $\{I_n\}$ in den zu dem F-extremalen Prozeß gehörigen Poisson-Prozeß ξ der Sprungzeiten in folgendem Sinn "eingebettet" (vgl. die Skizze auf S. 107): Es ist wegen der Konzentration der $\{T_k\}$ in den Intervallen $(U_n-1, U_n]$

$$(5.32) \quad I_n = \min(1, \xi((n-1,n]))^{*)} \text{ fast sicher}$$

---

*) d.h. I_n ist (fast sicher) genau dann 1, wenn wenigstens eine Sprungzeit T_k in dem Intervall $(n-1,n]$ liegt.

für alle $n \geq 2$, woraus sich erneut die Unabhängigkeit der $\{I_n\}$ ergibt sowie

$$(5.33) \quad P(I_n = 0) = P(\xi((n-1,n]) = 0) = \exp\{-E\xi((n-1,n])\} = e^{-\log(\frac{n}{n-1})} = 1 - \frac{1}{n},$$

also $P(I_n = 1) = \frac{1}{n}$ $(n \geq 2)$ wie in (4.16). Für den "Überschuß"

$$(5.34) \quad S = \lim_{n \to \infty} \left[\xi((1,n]) - \xi^*((1,n]) \right]$$

an Sprungzeiten des extremalen Prozesses gegenüber den Rekordzeiten (ohne U_o) gilt also:

Lemma 5.3. Bei stetigem F ist

$$(5.35) \quad E(S) = \lim_{n \to \infty} \left[\int_1^n \frac{1}{s} \, ds - \sum_{k=2}^n \frac{1}{k} \right] = 1 - C .$$

Dies bedeutet, daß ein F-extremaler Prozeß bei stetigem F tatsächlich nur "wenig mehr" Sprünge als die ursprüngliche Folge Rekorde besitzt. Beziehung (5.35) besagt dabei insbesondere, daß die Zufallsvariable S fast sicher endlich ist, d.h. es kann fast sicher in nur endlich vielen der Intervalle $(U_n-1,U_n]$ mehr als ein extremaler Sprung auftreten (vgl. auch Resnick (1987), Proposition 4.11). Wegen

$$(5.36) \quad T_{n+S} \in (U_n-1,U_n] \quad \text{fast sicher}$$

für alle $n \in \mathbb{N}$ läßt sich daher ein alternativer Beweis des Satzes 4.5 wie folgt führen:
Es ist nach (5.36)

$$(5.37) \quad \log T_n = \log T_{n+S} + \log \frac{T_n}{T_{n+S}} = \log U_n + R_n \quad (n \in \mathbb{N})$$

mit einem Restterm R_n, für den

$$(5.38) \quad \lim_{n \to \infty} \frac{R_n}{\sqrt{n}} = 0 \quad \text{fast sicher}$$

gilt (für Details siehe Resnick (1987), Proposition 4.12 oder Pfeifer (1986)).
Nach Beispiel A1.8 (Anhang) besitzt aber $\{T_n\}$ dieselbe Verteilung wie die
Folge $\{\prod_{i=1}^{n} \frac{1}{V_i}\}$, wobei $\{V_n\}$ eine unabhängige Folge $\mathcal{R}(0,1)$-verteilter Zufallsvariablen ist, d.h. $\{\log T_n\} = \{-\sum_{i=1}^{n} \log V_i\}$ besitzt unabhängige, $\mathcal{E}(1)$-exponen-
tialverteilte Zuwächse, so daß eine einfache Anwendung des Gesetzes der
großen Zahlen sowie des zentralen Grenzwertsatzes auf $\{\log T_n\}$ das die Folge
$\{U_n\}$ betreffende Ergebnis liefert. Analog läßt sich für $\{\Delta_n\}$ argumentieren
(Resnick (1987), Proposition 4.14).

Der Poisson-Prozeß ξ kann ebenfalls zur Poisson-Approximation der Anzahl
S_n der Rekorde unter $X_1,\ldots,X_n$ ($n \geq 2$) verwendet werden (vgl. die Bemerkung
zu Satz 4.3). Nach (5.32) ist ja

$$(5.39) \quad S_n = 1 + \sum_{k=2}^{n} I_k = 1 + \sum_{k=2}^{n} \min(1,\xi((k-1,k])) = 1 + \xi^*((1,n]) =$$

$$\xi^*([1,n]) \leq 1 + \sum_{k=2}^{n} \xi((k-1,k]) = 1 + \xi((1,n]) \leq S_n + S \quad (n \geq 2),$$

also $S_n - 1$ approximativ Poisson-verteilt mit Parameter $E\,\xi((1,n]) = \log n$ ($n \geq 2$).
Die Approximationsgüte ist im Gegensatz zu (4.30) allerdings nur noch vor
der Ordnung $O(\frac{1}{\sqrt{\log n}})$ ($n \to \infty$), obwohl der Unterschied zwischen dem dort
verwendeten Parameter $\lambda_n = \sum_{k=1}^{n} \frac{1}{k}$ und $\log n$ asymptotisch nur die Euler'sche
Konstante C ausmacht! (vgl. hierzu auch Deheuvels und Pfeifer (1986 b, 1987)
und Deheuvels, Pfeifer und Puri (1989)).

Ein weiterer Zusammenhang läßt sich zwischen dem Überschuß S und der in
Satz 4.4 zur Darstellung von $\log U_n$ verwendeten Zufallsvariablen Z herstellen.
Es gilt nämlich:

Satz 5.4. Es sei $\mathcal{F}$ die von der Folge $\{U_n\}$ der Rekordzeiten erzeugte σ-Alge-
bra. Dann gilt mit den Bezeichnungen aus Satz 4.4:

$$(5.40) \quad E(S \mid \mathcal{F}) = E(Z \mid \mathcal{F}) = \sum_{n=1}^{\infty} (U_n \log(\frac{U_n}{U_n-1}) - 1) \quad \text{fast sicher.}$$

Insbesondere ist also

$$(5.41) \quad E(Z) = E(S) = 1 - C.$$

Beweis: Wegen der durch (5.32) gegebenen Kopplung der Punktprozesse ξ und ξ^* ist auch

$$(5.42) \quad S = \sum_{n=2}^{\infty} \delta_n$$

mit

$$(5.43) \quad \delta_n = \xi((n-1,n]) - I_n, \quad n \geq 2.$$

Da Summanden, für die $I_n = 0$ ist, verschwinden, reduziert sich die Summe auf

$$(5.44) \quad S = \sum_{n=1}^{\infty} \delta_{U_n},$$

wobei die bedingte Verteilung von δ_{U_n} unter $U_n = j$ gegeben ist durch

$$(5.45) \quad P(\delta_{U_n} = k \mid U_n = j) = (j - 1) \frac{(-\log(1-\frac{1}{j}))^{k+1}}{(k+1)!} \quad (n \in \mathbb{N}, \ k \in \mathbb{Z}^+, \ j \geq 2).$$

Aufgrund von (5.43) ist nämlich diese bedingte Verteilung identisch mit

$$(5.46) \quad P(Y = k + 1 \mid Y \geq 1) \quad (k \in \mathbb{Z}^+)$$

für eine Poisson-verteilte Zufallsvariable Y mit Parameter $\lambda = E\xi((j-1,j]) = -\log(1-\frac{1}{j})$, da die Sprungzeiten $\{T_k\}$ in den Intervallen $(U_n-1, U_n]$ konzentriert sind und $\delta_{U_n} = \xi((U_n-1, U_n]) - 1$ gilt. Aus (5.45) ergibt sich weiter

$$(5.47) \quad E(\delta_{U_n} \mid U_n = j) = (j - 1) \sum_{k=0}^{\infty} \frac{(-\log(1-\frac{1}{j}))^{k+1}}{k!} - 1$$

$$= j \log(\frac{j}{j-1}) - 1 \text{ fast sicher } (n \in \mathbb{N}, \ j \geq 2),$$

also

$$(5.48) \quad E(S \mid \mathcal{F}) = \sum_{n=1}^{\infty} E(\delta_{U_n} \mid U_n) = \sum_{n=1}^{\infty} (U_n \log(\frac{U_n}{U_n-1}) - 1) \text{ fast sicher } (n \in \mathbb{N}).$$

Andererseits ist nach Satz 4.4

$$(5.49) \quad Z = \sum_{n=1}^{\infty} \log(1 + \frac{W_n}{U_n - 1})$$

mit einer (auch von $\{U_n\}$) unabhängigen Folge $\{W_n\}$ $\mathcal{R}(0,1)$-verteilter Zufallsvariablen, d.h. es gilt

$$(5.50) \quad E(Z|\mathcal{F}) = \sum_{n=1}^{\infty} (U_n \log \frac{U_n}{U_n - 1}) - 1) \text{ fast sicher}$$

wegen

$$(5.51) \quad E(\log(1 + \frac{W_n}{j-1})) = \int_0^1 \log(1 + \frac{w}{j-1}))dw$$

$$= (j - 1) \int_1^{\frac{j}{j-1}} \log v \, dv = (j - 1)\left[v \log v - v\right]\Big|_1^{\frac{j}{j-1}} = j \log \frac{j}{j-1} - 1 \ (j \geq 2).$$

Damit folgt (5.40). (5.41) ergibt sich hieraus mit Lemma 5.3 durch Integration.

Man beachte, daß die Reihe in (5.40) fast sicher konvergiert, da $\sum_{n=1}^{\infty} \frac{1}{U_n - 1}$ eine fast sicher konvergente Majorante ist (z.B. nach (4.62)).

Satz 5.4 liefert damit auch einen alternativen Beweis der Beziehung (4.116).

Ähnlich wie bei den normalisierten Punktprozessen ξ_n und ζ_n aus (5.21) läßt sich auch (lokal-)schwache Konvergenz der normalisierten Punktprozesse der Rekorde selbst zeigen. Hier gilt:

Satz 5.5. Es seien G bzw. H Extremwertverteilungen vom Typ I, II oder III für Maxima bzw. Minima. Ferner sei $F \in \mathcal{D}(G)$ bzw. $\mathcal{D}(H)$ stetig mit

$$(5.52) \quad P(A_n(M_n - B_n) \leq x) \to G(x)$$

bzw.

$$(5.53) \quad P(a_n(m_n - b_n) \leq x) \to H(x) \qquad (n \to \infty)$$

für geeignete Folgen $\{A_n\}$, $\{B_n\}$, $\{a_n\}$, $\{b_n\}$.
Die Punktprozesse

$$(5.54) \quad \varphi_n = \sum_{k=0}^{\infty} \varepsilon_{(A_n(X_{U_k} - B_n))}$$

bzw.

$$(5.55) \quad \Psi_n = \sum_{k=0}^{\infty} \varepsilon_{(a_n(X_{L_k} - b_n))} \qquad (n \in \mathbb{N})$$

konvergieren dann (lokal-)schwach gegen Poisson'sche Punktprozesse φ bzw.
Ψ mit Intensitätsmaßen

$$(5.56) \quad E\varphi((a,b]) = - \log \frac{- \log G(b)}{- \log G(a)} \qquad (a < b,\ G(a) > 0,\ G(b) < 1)$$

$$(5.57) \quad E\Psi((a,b]) = \log \frac{- \log(1-H(a))}{- \log(1-H(b))} \qquad (a < b,\ H(a) > 0,\ H(b) < 1).$$

Beweis: Aus Satz 4.6 und der Bemerkung zu Beispiel A2.2 (Anhang) folgt zunächst, daß die Punktprozesse φ_n und Ψ_n sämtlich Poisson'sch sind, so daß es nach der Bemerkung im Anschluß an Satz A2.2 (Anhang) ausreicht, die Konvergenz von $E\varphi_n((a,b])$ gegen $E\varphi(a,b])$ bzw. $E\varphi_n((a,b])$ gegen $E\Psi((a,b])$ mit a,b aus (5.56) bzw. (5.57) zu zeigen. Nach (4.69) bzw. (4.72) ist

$$(5.58) \quad E\varphi_n((a,b]) = R(\frac{b}{A_n} + B_n) - R(\frac{a}{A_n} + B_n)$$

$$= - \log \frac{1-F(\frac{b}{A_n} + B_n)}{1-F(\frac{a}{A_n} + B_n)} = - \log \frac{n[1-F(\frac{b}{A_n} + B_n)]}{n[1-F(\frac{a}{A_n} + B_n)]}$$

$$\to - \log \frac{-\log G(b)}{-\log G(a)} \qquad (n \to \infty)$$

nach Lemma 2.3; analog gilt

$$(5.59) \quad E \Psi_n((a,b]) = \log \frac{F(\frac{b}{a_n} + b_n)}{F(\frac{a}{a_n} + b_n)} \longrightarrow \log \frac{-\log(1-H(b))}{-\log(1-H(a))} \quad (n \longrightarrow \infty).$$

Damit ist der Satz bewiesen.

Der Beweis zu Lemma 5.2 sowie Satz 5.2 lassen vermuten, daß F-extremale Prozesse allgemeiner auf dem Zeitintervall $(0,\infty)$ (statt $[1,\infty)$) definiert werden können. Dies ist in der Tat möglich, sogar unter Beibehaltung der Eigenschaften (5.1) bis (5.5) für den größeren Parameterbereich. Entsprechende Verallgemeinerungen von Satz 5.1 und Lemma 5.2 lassen sich ebenfalls beweisen (vgl. Resnick (1987)). Allerdings ergeben sich gewisse Komplikationen dadurch, daß sich die Sprünge eines solchen (allgemeineren) extremalen Prozesses bei 0 häufen, und daher die Folgen $\{T_k \mid -\infty < k < \infty\}$ bzw. $\{\tau_k \mid -\infty < k < \infty\}$ der Sprünge keine "natürliche" Anordnung mehr besitzen. Die Sätze 5.2 und 5.5 besagen dann in diesem allgemeineren Zusammenhang, daß unter den betrachteten Normalisierungen die aus den Rekordzeiten abgeleiteten Punktprozesse (bei stetigem F) gegen den Punktprozeß der Sprungzeiten des extremalen Grenzprozesses (schwach) konvergieren; analog für die Rekorde selbst.

Eine interessante Konstruktion solcher allgemeiner F-extremaler Prozesse geht auf Pickands (1971) zurück. Ist nämlich ξ ein zweidimensionaler Poissonscher Punktprozeß mit Intensitätsmaß

$$(5.60) \quad E\xi((a,b] \times (c,d]) = (b - a)\,[\log F(d) - \log F(c)]$$

$$= \log\left[\left(\frac{F(d)}{F(c)}\right)^{b-a}\right]$$

$$(0 < a < b,\ 0 < F(c) < F(d)),$$

mit einer Darstellung

$$(5.61) \quad \xi = \sum_{k=1}^{\infty} \varepsilon_{(W_k, Z_k)}$$

und setzt man

$$(5.62) \quad E(t) = \sup\{Z_k \mid W_k \le t\} \qquad (t > 0)$$

("obere Einhüllende" des Poisson-Prozesses)

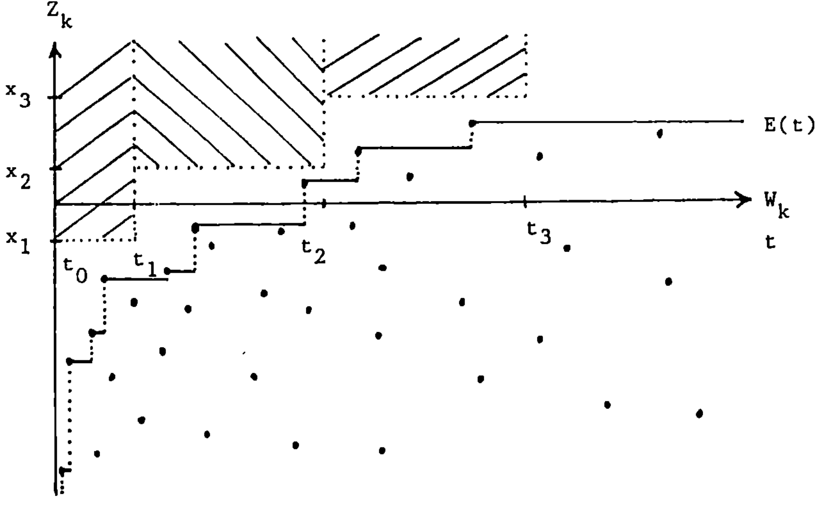

so ist $\{E(t) \mid t > 0\}$ eine Version eines solchen (allgemeinen F-extremalen Prozesses (für Maxima).

Insbesondere ist nämlich für $0 = t_o < t_1 < t_2 < \ldots < t_k$, $x_1 \le x_2 \le \ldots \le x_k$, $k \in \mathbb{N}$

$$(5.63) \quad P(\bigcap_{i=1}^{k}\{E(t_i) \le x_i\}) = P(\xi(\bigcup_{i=1}^{k} (t_{i-1},t_i] \times (x_i, \infty)) = 0)$$

$$= \prod_{i=1}^{k} P(\xi((t_{i-1},t_i] \times (x_i,\infty)) = 0) = \prod_{i=1}^{k} \exp\{-E\xi((t_{i-1},t_i] \times (x_i,\infty))\}$$

$$= \prod_{i=1}^{k} F(x_i)^{t_i - t_{i-1}},$$

was mit (5.4) übereinstimmt.

Eine analoge Konstruktion F-extremaler Prozesse für Minima ist natürlich ebenfalls möglich. Die Bedeutung dieser Konstruktion liegt vor allem auch darin, daß die schwache Konvergenz der normalisierten Prozesse $\{Y_n(t) \mid t > 0\}$

bzw. $\{y_n(t)\,|\,t > 0\}$ auf die Konvergenz von Funktionalen derartiger zweidimensionaler Punktprozesse zurückgeführt werden kann (vgl. Resnick (1987), Abschnitt 4.4.2).

Anmerkungen zum Text.

Die ausführlichste Darstellung des in § 5 behandelten Stoffes findet man in Resnick (1987), Chapter 4; (sehr) kurze Abhandlungen bieten auch Galambos (1987), Abschnitt 6.5 und Leadbetter/Lindgren/Rootzén (1983), Abschnitt 5.8.

Anmerkungen zur Literatur.

Extremale Prozesse wurden zuerst von Dwass (1964) und Lamperti (1964) untersucht; der Punktprozeß-Aspekt wurde allerdings erst später von Pickands (1971) und anderen Autoren (vor allem Resnick) diskutiert. Untersuchungen bzgl. der starken Approximation von extremalen Prozessen (ähnlich dem Themenkreis der Sätze 4.4, 4.8 und 4.9) stammen von Deheuvels (1981, 1983 a). Verallgemeinerungen extremaler Prozesse für nicht identisch-verteilte Zufallsvariablen $\{X_n\}$ wurden u.a. von Ballerini und Resnick (1987 b), Zhang (1988) und Pfeifer (1989) betrachtet.

§ 6 Ordnungsstatistiken

In diesem Abschnitt wollen wir uns noch mit "natürlichen" Verallgemeinerungen von Maxima und Minima, den sog. Ordnungsstatistiken, beschäftigen, d.h. auch mit zweitgrößten, zweitkleinsten usw. Beobachtungen. Es wird sich zeigen, daß einige der in den vorangegangenen Abschnitten erzielten Resultate (insbesondere in § 1 bis 3) sofort auf die allgemeinere Situation übertragbar sind.

Definition 6.1. Es seien $X_1,...,X_n$ (nicht notwendig unabhängige, identisch verteilte) Zufallsvariablen und

$$F_n(x) = \frac{1}{n} \sum_{k=1}^{n} I(X_k \le x) \qquad (x \in \mathbb{R})$$

wieder die empirische Verteilungsfunktion (vgl. (0.11)).
Dann heißt die durch

$$(6.1) \qquad M_{k:n} = F_n^{-1}(\tfrac{k}{n}), \qquad 1 \le k \le n$$

definierte Größe die k-te Ordnungsstatistik zu $X_1,...,X_n$.

Insbesondere ist also $m_n = M_{1:n}$, $M_n = M_{n:n}$; allgemeiner ist die Wertemenge von $\{M_{k:n} \mid 1 \le k \le n\}$ mit derjenigen von $\{X_1,...,X_n\}$ identisch, die $M_{k:n}$ sind also die der Größe nach geordneten Werte von $X_1,...,X_n$:

$$M_{1:n} \le M_{2:n} \le ... \le M_{n-1:n} \le M_{n:n}.$$

Im folgenden Beispiel ist dies bildhaft veranschaulicht:

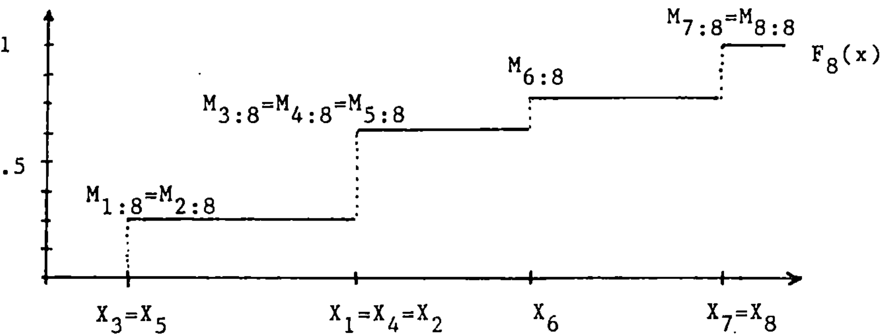

Das folgende Resultat ist eine Verallgemeinerung von Lemma 0.1.

Lemma 6.1. $X_1,...., X_n$ seien stochastisch unabhängige, identisch verteilte Zufallsvariablen mit Verteilungsfunktion F. Dann gilt:

$$(6.2) \quad P(M_{k:n} \leq x) = \sum_{j=k}^{n} \binom{n}{j} F^j(x) \, (1-F(x))^{n-j}, \quad 1 \leq k \leq n, \; x \in \mathbb{R}.$$

Beweis: Aufgrund der Definition der Pseudo-Inversen gilt (vgl. auch den Beweis zu Lemma 1.2):

$$P(M_{k:n} \leq x) = P(F_n^{-1}(\tfrac{k}{n}) \leq x) = P(\tfrac{k}{n}) \leq F_n(x))$$

$$= P(\sum_{i=1}^{n} I(X_i \leq x) \geq k) = \sum_{j=k}^{n} \binom{n}{j} F^j(x) \, (1-F(x))^{n-j},$$

da jedes $I(X_i \leq x)$ $B(1,F(x))$ - binominalverteilt ist, also wegen der Unabhängigkeit der X_i

$$\sum_{i=1}^{n} I(X_i \leq x) \quad B(n,F(x)) \text{ - verteilt ist.}$$

Insbesondere ist für $k = n$

$$P(M_{n:n} \leq x) = \binom{n}{n} F^n(x) = F^n(x), \text{ und für } k = 1$$

$$P(M_{1:n} \leq x) = \sum_{j=1}^{n} \binom{n}{j} F^j(x) \, (1-F(x))^{n-j} = 1 - (1-F(x))^n$$

wie in Lemma 0.1.

Für festes k läßt sich nun relativ einfach die Frage nach möglichen (schwachen) Grenzverteilungen normalisierter Ordnungsstatistiken ($M_{k:n}$ und $M_{n-k:n}$) beantworten.

Es gilt beispielsweise

Lemma 6.2. Es sei $F \in \mathcal{D}(G)$ für eine Extremwertverteilungsfunktion G vom Typ I, II oder III und $A_n > 0$, $B_n \in \mathbb{R}$ seien normalisierende Konstanten mit $P(A_n(M_n - B_n) \le x) \to G(x)$ $(n \to \infty, x \in \mathbb{R})$.

Dann gilt

$$(6.3) \quad P\left(\sum_{i=1}^{n} I(A_n(X_i - B_n) \le x) = n-k \right) \to G(x) \frac{(-\log G(x))^k}{k!} \quad \text{für } 0 < G(x) < 1$$

(für $k = 0$ erhält man übrigens

$$P\left(\sum_{i=1}^{n} I(A_n(X_i - B_n) \le x) = n \right) = P \bigcap_{i=1}^{n} \{A_n(X_i - B_n) \le x\}$$

$$= P(A_n(M_n - B_n) \le x)).$$

Der Beweis wird mit Hilfe des folgenden, "klassischen" Ergebnisses geführt.

Satz 6.1 (Poisson (1837)). Für $n \in \mathbb{N}$ seien $Y_{1,n}, \ldots, Y_{n,n}$ unabhängige $B(1,p_n)$ – verteilte Zufallsvariablen mit $\lim_{n \to \infty} n\,p_n = \lambda \in (0,\infty)$.

Sei ferner $S_n = \sum_{i=1}^{n} Y_{i,n}$ Dann gilt

$$(6.4) \quad P(S_n = k) \to e^{-\lambda} \frac{\lambda^k}{k!} = \mathcal{P}(\lambda;k) \quad (k \in \mathbb{Z}^+, n \to \infty).$$

(Hierbei bezeichne $\mathcal{P}(\lambda)$ die Poisson-Verteilung mit Erwartungswert λ.)

Beweis: Es ist für $n \ge k$

$$P(S_n = k) = \binom{n}{k} p_n^k (1 - p_n)^{n-k} = \frac{n!}{(n-k)!(n-np_n)^k} \left(1 - \frac{\lambda}{n} \frac{np_n}{\lambda}\right)^n \frac{(np_n)^k}{k!}$$

$$= (1 + o(1)) \left(1 - \frac{\lambda}{n} + o\left(\frac{1}{n}\right)\right)^n \frac{(\lambda + o(1))^k}{k!} \to e^{-\lambda} \frac{\lambda^k}{k!}.$$

Beziehung (6.4) besagt also insbesondere, daß P^{S_n} unter den angegebenen Bedingungen schwach gegen $\mathcal{P}(\lambda)$ konvergiert.

Der Beweis von Lemma 6.2. ergibt sich nun wie folgt:

Wähle $Y_{1,n} = 1 - I(A_n(X_1 - B_n) \le x) = I(A_n(X_1 - B_n) > x)$.

Dann ist $p_n = 1 - F(\frac{x}{A_n} + B_n)$ mit

$$F^n(\frac{x}{A_n} + B_n) \to G(x) \quad (n \to \infty)$$

für $0 < G(x) < 1$. Mit Lemma 2.3 folgt also

$$(6.5) \quad \lim_{n \to \infty} n\, p_n = \lim_{n \to \infty} n\,(1 - F(\frac{x}{A_n} + B_n)) = -\log G(x).$$

Es ist damit (mit der Notation von Satz 6.1)

$$(6.6) \quad P(\sum_{i=1}^{n} I(A_n(X_i - B_n) \le x) = n - k) = P(S_n = k)$$

$$\to e^{-\lambda} \frac{\lambda^k}{k!} = G(x)\,\frac{(-\log G(x))^k}{k} \quad (n \to \infty).$$

Aus Lemma 6.2 ergibt sich nun unmittelbar ein Grenzwertsatz für $\{M_{n-k:n}\}$.

Satz 6.2. Unter den Voraussetzungen von Lemma 6.2 gilt:

$$(6.7) \quad P(A_n(M_{n-k:n} - B_n) \le x) \to G(k,x) = G(x) \sum_{j=0}^{k} \frac{(-\log G(x))^j}{j!}$$

Beweis: Es ist mit dem Beweis von Lemma 6.1

$$(6.8) \quad P(A_n(M_{n-k:n} - B_n) \le x) = P(\sum_{j=1}^{n} I(A_n(X_i - B_n) \le x) \ge n - k)$$

$$= P(S_n \le k) \to e^{-\lambda} \sum_{j=0}^{k} \frac{\lambda^j}{j!}$$

(mit der Notation von Satz 6.1) für $\lambda = -\log G(x)$ $(0 < G(x) < 1)$. Aus Stetigkeitsgründen gilt die Beziehung (6.7) dann aber auch für alle $x \in \mathbb{R}$.

Von Smirnoff (1952) wurde gezeigt, daß die sich somit ergebenden Grenzverteilungstypen

$$G_1(k,x) = e^{-e^{-x}} \sum_{j=0}^{k} \frac{e^{-jx}}{j!} \qquad (x \in \mathbb{R})$$

$$(6.9) \qquad G_{2,\alpha}(k,x) = e^{-x^{-\alpha}} \sum_{j=0}^{k} \frac{x^{-\alpha j}}{j!} \qquad (x > 0)$$

$$G_{3,\alpha}(k,x) = e^{-(-x)^{\alpha}} \sum_{j=0}^{k} \frac{(-x)^{\alpha j}}{j!} \qquad (x < 0)$$

die einzig möglichen sind (in Analogie zu Satz 1.5), und daß die Anziehungsbereiche für $G(k,)$ mit denjenigen von G (vom Typ I, II oder III) zusammen-
fallen.

Entsprechend erhält man:

Satz 6.3. Es sei $F \in \mathcal{D}(H)$ und $a_n > 0$, $b_n \in \mathbb{R}$ so, daß
$P(a_n(m_m - b_n) \le x) \to H(x)$ $(n \to \infty, x \in \mathbb{R})$.
Dann gilt auch für festes k

$$(6.10) \qquad P(a_n(M_{k:n} - b_n) \le x) \to 1 - (1 - H(x)) \sum_{j=0}^{k-1} \frac{(-\log(1-H(x)))^j}{j!} \qquad (n \to \infty, x \in \mathbb{R}).$$

Auch die Frage nach der Konvergenzgeschwindigkeit läßt sich hier ähnlich
wie in § 3 beantworten. Wir benötigen dazu allerdings noch ein Resultat
bezüglich der Konvergenzgeschwindigkeit in Satz 6.1.

Satz 6.4. Unter den Voraussetzungen von Satz 6.1 gilt für eine $\mathcal{P}(\lambda)$ - verteilte Zufallsvariable S:

$$(6.11) \qquad \sup_{k \ge 0} | P(S_n \le k) - P(S \le k)| \le | np_n - \lambda | + \frac{\lambda^2}{2n} \qquad (n \in \mathbb{N}).$$

Beweis: Wir benutzen hier eine bereits von LeCam (1960) verwendete Opera-
tor-Technik (vgl. auch Deheuvels und Pfeifer (1986 a,b, 1987), Deheuvels, Karr,
Pfeifer und Serfling (1988) und Deheuvels, Pfeifer und Puri (1989)).
Es bezeichne $\ell^{\infty} = \{f = (f(0),f(1),\ldots) \,\big|\, \|f\|_{\infty} = \sup_{k \ge 0} |f(k)| < \infty\}$ den Banach-Raum
der absolut-beschränkten Folgen. Der durch

$$(6.12) \quad B\,f(n) = \begin{cases} 0, & n = 0 \\ \\ f(n-1), & n \geq 1 \end{cases} \qquad (f \in \ell^{\infty})$$

definierte beschränkte lineare Operator erfüllt offenbar auch

$$(6.13) \quad B\,f(n) = \varepsilon_1 * f(n) = \sum_{j=0}^{n} \varepsilon_1(\{j\})\, f(n-j) \quad (n \geq 0),$$

wobei wieder ε_k die Einpunktverteilung in $k \in \mathbb{Z}^+$ bezeichne. Ist Q nun ein Wahrscheinlichkeitsmaß auf $p(\mathbb{Z}^+)$, so gilt also wegen

$$Q = \sum_{n=0}^{\infty} Q(\{n\})\, \varepsilon_n = \sum_{n=0}^{\infty} Q(\{n\})\, \varepsilon_1^{n*}$$

$$(6.14) \quad Q * f = \sum_{n=0}^{\infty} Q(\{n\})\, \varepsilon_1^{n*} * f = \sum_{n=0}^{\infty} Q(\{n\})\, B^n f \quad (f \in \ell^{\infty}).$$

Wegen $\|Bf\|_{\infty} = \|f\|_{\infty}$ für alle $f \in \ell^{\infty}$ ist also $\|B\| = \sup_{\|f\|_{\infty}=1} \|Bf\|_{\infty} = 1$ und daher der Operator $T(Q)$, definiert durch

$$(6.15) \quad T(Q)f = Q * f \qquad (f \in \ell^{\infty})$$

beschränkt mit $\|T(Q)\| \leq \sum_{n=0}^{\infty} Q(\{n\})\, \|B\|^n \leq 1.$

Insbesondere ist mit $A = B - I$ (I: Identität)

$$(6.16) \quad T(P^{Y_{i,n}}) = T\left((1 - p_n)\,\varepsilon_0 + p_n \varepsilon_1\right) =$$

$$T(\varepsilon_0 + p_n(\varepsilon_1 - \varepsilon_0)) = I + p_n A \quad \text{und damit}$$

$$(6.17) \quad T(P^{S_n}) = (I + p_n A)^n.$$

Analog folgt

$$(6.18) \quad T(P^S) = e^{-\lambda} \sum_{n=0}^{\infty} \frac{\lambda^n}{n!}\, \varepsilon_1^{n*} = e^{\lambda A} = \left(e^{\frac{\lambda}{n} A}\right)^n.$$

Insbesondere ist nun

$$(6.19) \quad \Delta = \sup_{k \geq 0} | P(S_n \leq k) - P(S \leq k) | = \|[T(P^{S_n}) - T(P^S)]g\|_\infty$$

mit $g = (1,1,1,\ldots) \in \ell^\infty$ wegen

$$(6.20) \quad T(Q)g(n) = Q*g(n) = \sum_{j=0}^{n} Q(\{j\})\, g(n - j) = \sum_{j=0}^{n} Q(\{j\})$$

für jedes Wahrscheinlichkeitsmaß Q über $\wp(Z^+)$, so daß also

$$(6.21) \quad \Delta = \|[(I + p_n A)^n - e^{\lambda A}]g\|_\infty.$$

Da $e^{\frac{\lambda}{n} A}$ der zur $\mathcal{P}(\frac{\lambda}{n})$ - Verteilung gehörige Operator ist und für eine (von $Y_{1,n}$ unabhängige) $\mathcal{P}(\frac{\lambda}{n})$ - verteilte Zufallsvariable Z gilt

$$(6.22) \quad (I + p_n A)\, e^{\frac{\lambda}{n} A} = T(P^{Y_{1,n}} * P^Z) = T(P^{Y_{1,n}+Z}) = T(P^{Z+Y_{1,n}}) = e^{\frac{\lambda}{n} A}(I + p_n A),$$

sind also die Operatoren $U = I + p_n A$ und $V = e^{\frac{\lambda}{n} A}$ kommutativ (und Kontraktionen nach (6.15), d.h. $\|U\| \leq 1$, $\|V\| \leq 1$). Nun ist aber

$$(6.23) \quad \|U^n g - V^n g\|_\infty = \| \sum_{l=0}^{n-1} (U^{n-l} V^l - U^{n-l-1} V^{l+1})g\|_\infty$$

$$\| \sum_{l=0}^{n-1} (U^{n-l-1}(U - V) V^l)g\|_\infty$$

$$\leq \sum_{l=0}^{n-1} \|U\|^{n-l-1} \|V\|^l \, \|Ug - Vg\|_\infty \leq n \, \|Ug - Vg\|_\infty,$$

so daß wegen (6.19) und (6.20) also folgt

$$(6.24) \quad \Delta \leq n \, \|[(I + p_n A) - e^{\frac{\lambda}{n} A}]g\|_\infty = n \sup_{k \geq 0} |P(Y_{1,n} \leq k) - P(Z \leq k)|.$$

Weiter ist

$$(6.25) \quad |P(Y_{1,n} = 0) - P(Z = 0)| = |1 - p_n - e^{-\frac{\lambda}{n}}| \leq |1 - \frac{\lambda}{n} - e^{-\frac{\lambda}{n}} + p_n - \frac{\lambda}{n}|$$

$$(6.26) \quad |P(Y_{1,n} \leq k) - P(Z \leq k)| \leq |P(Y_{1,n} \leq 1) - P(Z \leq 1)|$$

$$= 1 - e^{-\frac{\lambda}{n}}(1 + \frac{\lambda}{n}) \quad (k \geq 1), \text{ also}$$

$$(6.27) \quad \Delta \leq n \max \left(|1 - \frac{\lambda}{n} - e^{-\frac{\lambda}{n}}|, \ 1 - e^{-\frac{\lambda}{n}}(1 + \frac{\lambda}{n}) \right) + |np_n - \lambda|$$

nach (6.24). Für $x > 0$ ist aber (wegen $e^x \geq 1 + x + \frac{x^2}{2}$)

$$(6.28) \quad |1 - x - e^{-x}| = x - (1 - e^{-x}) \leq \frac{1}{1 + x + \frac{x^2}{2}} + x - 1 = \frac{x^2}{2} \ \frac{1 + x}{1 + x + \frac{x^2}{2}} \leq \frac{x^2}{2},$$

also

$$(6.29) \quad |1 - \frac{\lambda}{n} - e^{-\frac{\lambda}{n}}| \leq \frac{\lambda^2}{2n^2} \quad (n \in \mathbb{N})$$

sowie (wegen $e^x - (1 + x) \leq \frac{x^2}{2} e^x$)

$$(6.30) \quad 1 - e^{-x}(1 + x) \leq \frac{x^2}{2}, \text{ also insgesamt}$$

$$(6.31) \quad \Delta \leq \frac{\lambda^2}{2n} + |np_n - \lambda|.$$

Satz 6.5. Unter den Voraussetzungen von Lemma 6.2 gilt:

$$(6.32) \quad |P(A_n(M_{n-k:n} - B_n) \le x) - G(k,x)|$$

$$\le |r_n(x)| + \frac{\log^2 G(x}{2n} = 0\ (\max(\tfrac{1}{n}, |r_n(x)|)),$$

wobei $r_n(x) = n(1 - F(\frac{x}{A_n} + B_n)) + \log G(x)$ (analog 3.13)) gewählt ist.

Beweis: Es ist mit $\lambda = -\log G(x)$, S wie in Satz 6.3:

$$|P(A_n(M_{n-k:n} - B_n) \le x) - G(k,x)| =$$

$$|P(\sum_{i=1}^{n} I(A_n(X_i - B_n) \le x) \ge n - k) - P(S \le k)|$$

$$= |P(S_n \le k) - P(S \le k)| \le$$

$$|n(1 - F(\frac{x}{A_n} + B_n) - [-\log G(x)]| + \frac{\log^2 G(x)}{2n}$$

$$= |r_n(x)| + \frac{\log^2 G(x)}{2n} \qquad (0 < G(x) < 1).$$

Bemerkung: Für $k = 0$ ergibt Satz 6.4

$$(6.33) \quad |P(A_n(M_n - B_n) \le x) - G(x)| \le |r_n(x)| + \frac{\log^2 G(x)}{2n}$$

$$(0 < G(x) < 1),$$

was die angekündigte Alternative von Satz 3.1 ist.

Die Konvergenzgeschwindigkeit bleibt also - für festes k - bei $\{M_{n-k:n}\}$ dieselbe wie für $\{M_n\}$; analog für $\{M_{k:n}\}$ in Bezug auf $\{m_n\}$.

Wählt man den Index k nicht fest, sondern so, daß $k_n \to \infty$ und z.B.

$$(6.34) \quad \lim_{n \to \infty} \frac{k_n}{n} = \beta \in [0,1),$$

ist die Situation i.a. viel komplizierter. Der Vollständigkeit halber wollen wir hier nur die möglichen Grenzverteilungen angeben, die sich als schwache Limites für geeignete Normalisierungen $A_n(M_{n-k_n:n} - B_n)$ $(A_n > 0, B_n \in \mathbb{R})$ ergeben können (siehe Smirnoff (1952) und Leadbetter-Lindgren-Rootzèn (1983)).

Satz 6.6. Unter (6.34) sind die einzig möglichen Grenzverteilungsfunktionen für geeignete Normalisierungen $A_n(M_{n-k_n:n} - B_n)$ $(A_n > 0, B_n \in \mathbb{R})$ gegeben durch:

a) Falls $\beta > 0$ und $\frac{k_n}{n} - \beta = O(n^{-1/2})^{*)}$ $(n \to \infty)$:

$$(6.35) \quad G_{1,\alpha,c}(x) = \begin{cases} 0, & x < 0 \\ \Phi(cx^\alpha), & x \geq 0 \end{cases} \qquad (\alpha, c > 0)$$

$$(6.36) \quad G_{2,\alpha,c}(x) = \begin{cases} \Phi(-c(-x)^\alpha), & x < 0 \\ 1, & x \geq 0 \end{cases}$$

$$(6.37) \quad G_{3,\alpha,c,d}(x) = \begin{cases} \Phi(-c(-x)^\alpha), & x < 0 \\ \Phi(dx^\alpha), & x \geq 0 \end{cases} \qquad (\alpha, c, d > 0)$$

---

*) ohne diese Zusatzbedingung können sich unterschiedliche Grenzverteilungen (von verschiedenem Typ) ergeben; vgl. Leadbetter-Lindgren-Rootzèn (1983).

$$(6.38) \quad G_4(x) = \begin{cases} 0, & x < -1 \\ \frac{1}{2}, & -1 \le x < 1 \\ 1, & x \ge 1 \end{cases}$$

b) Falls $\beta = 0$:

$$(6.39) \quad G_{5,\alpha}(x) = \begin{cases} \Phi(-\alpha\log(-x)), & x < 0 \\ 1, & x \ge 0 \end{cases}$$

$$(\alpha > 0)$$

$$(6.40) \quad G_{6,\alpha}(x) = \begin{cases} 0, & x \le 0 \\ \Phi(\alpha\log x), & x > 0 \end{cases}$$

$$(6.41) \quad G_6(x) = \Phi(x), \quad x \in \mathbb{R}.$$

Hier bezeichnet Φ wieder die Verteilungsfunktion der Standard-Normalverteilung (siehe (0.2)).

Die Tatsache, daß in den zuletzt betrachteten Fällen die Normalverteilung eine wesentliche Rolle spielt, läßt sich leicht mit Hilfe des Satzes 6.4 ersehen, da die dort angegebene Abschätzung unabhängig von k ist. Existieren nämlich unter der Bedingung (6.34) Folgen $\{A_n\}$, $\{B_n\}$ mit $A_n > 0$ und $B_n \in \mathbb{R}$ derart, daß mit

$$p_n(x) = 1 - F(\frac{x}{A_n} + B_n) \quad (n \in \mathbb{N}, \ x \in \mathbb{R})$$

gilt:

$$(6.42) \quad \frac{k_n - np_n(x)}{\sqrt{np_n(x)}} \ \to \ \tau(x) \in \mathbb{R}, \ p_n(x) \to 0 \quad (n \to \infty),$$

so gilt auch

$$(6.43) \quad P(A_n(M_{n-k_n:n} - B_n) \le x) \to \Phi(\tau(x)) \quad (x \in \mathbb{R}).$$

Es läßt sich nämlich allgemeiner zeigen, daß die Abschätzung (6.11) asymptotisch verbessert werden kann zu

$$(6.44) \quad \sup_{k \ge 0} \left| P(S_n \le k) - P(S \le k) \right| = \frac{p_n}{2\sqrt{2\pi e}} + o(p_n) \quad (n \to \infty)$$

wenn $\lambda = \lambda_n = np_n$ (in Abhängigkeit von n) gewählt wird und $\lambda_n \to \infty$ gilt (vgl. Deheuvels und Pfeifer (1986 a,b, 1987).

Unter (6.42) gilt dann aber auch

$$(6.45) \quad P(S \le k_n) = P\left(\frac{S - np_n}{\sqrt{np_n}} \le \frac{k_n - np_n}{\sqrt{np_n}}\right) \to \Phi(\tau(x))$$
$$(n \to \infty)$$

aufgrund des zentralen Grenzwertsatzes, so daß mit derselben Argumentation wie in Satz 6.5. Beziehung (6.43) folgt.

Ist beispielsweise $F(x) = 1 - e^{-x}$, $x \ge 0$, so folgt mit $A_n = \sqrt{k_n}$, $B_n = \log \frac{n}{k_n}$ $(n \in \mathbb{N})$:

$$(6.46) \quad np_n(x) = n \exp\left(- \frac{x}{A_n} - B_n\right) = k_n e^{-\frac{x}{A_n}} , \text{ also}$$

$$(6.47) \quad \frac{k_n - np_n(x)}{\sqrt{np_n(x)}} = \sqrt{k_n}\left(\exp\left(\frac{x}{2\sqrt{k_n}}\right)\right) - \exp\left(- \frac{x}{2\sqrt{k_n}}\right)\right) \to x \quad (n \to \infty)$$

und damit wegen $p_n(x) \to 0$ für $\frac{k_n}{n} \to 0$ $(n \to \infty)$:

$$(6.48) \quad P(\sqrt{k_n}(M_{n-k_n:n} - \log \frac{n}{k_n}) \le x) \to \Phi(x) \quad (n \to \infty).$$

Dies entspricht (6.41) für $\frac{k_n}{n} \to 0$ $(n \to \infty)$.

Für $\frac{k_n}{n} \to \beta \in (0,1)$ und $\frac{k_n}{n} - \beta = 0(n^{-1/2})$ $(n \to \infty)$ führt eine direkte Anwendung des zentralen Grenzwertsatzes auf $P(S_n \leq k_n)$ analog (6.45) noch zu

$$(6.49) \quad P(\sqrt{n \tfrac{\beta}{1-\beta}} \ (M_{n-k_n:n} + \log \beta) \leq x) \to \Phi(x) \quad (n \to \infty),$$

was (6.37) mit $\alpha = c = d = 1$ entspricht.

Ist ·man in Beispiel 0.1 etwa nicht an dem Zerfallszeitpunkt des letzten Atoms interessiert, sondern an dem Zeitpunkt, zu dem etwa $\Theta \cdot 100\,\%$ des Ausgangsmaterials zerfallen ist $(0 < \Theta < 1)$, so besagt also (6.49), daß für die Verteilung dieses Zeitpunkts $(= M_{n-k_n:n}$ mit $k_n = [\![n\beta]\!]$, wo $\beta = 1 - \Theta)$ näherungsweise gilt:

$$(6.50) \quad P(M_{n-k_n:n} + \tfrac{1}{\lambda} \log(1 - \Theta) \leq x) \approx \Phi(\lambda x \sqrt{(\tfrac{1}{\Theta} - 1)n})$$

(Man beachte, daß die Folge $\{\lambda X_n\}$ $\mathcal{E}(1)$-verteilt ist, d.h. $\lambda M_{n-k_n:n}$ entspricht hier obigem $M_{n-k_n:n}$.)

Wir wollen uns nun noch mit gemeinsamen Verteilungen von Ordnungsstatistiken beschäftigen. Dazu betrachten wir zunächst den Fall $(M_{1:n}, M_{n:n})$.

Lemma 6.3. Die gemeinsame Verteilung von $M_{1:n}$ und $M_{n:n}$ ist bestimmt durch

$$(6.51) \quad P(M_{1:n} \leq x, M_{n:n} \leq y) = F^n(y) - (F(y) - F(x))^n \ I(x \leq y), \ x,y \in \mathbb{R}, \ n \in \mathbb{N}.$$

Beweis: Für $x \geq y$ ist die Aussage klar wegen $M_{1:n} \leq M_{n:n}$. Für $x < y$ ist

$$(6.52) \quad P(x < M_{1:n}, M_{n:n} \leq y) = P(\bigcap_{k=1}^{n} \{x < x_k \leq y\})$$

$$= (F(y) - F(x))^n, \text{ also}$$

$$(6.53) \quad P(M_{1:n} \leq x, M_{n:n} \leq y) = P(\{M_{n:n} \leq y\}\backslash\{x < M_{1:n}, M_{n:n} \leq y\})$$

$$= P(M_{n:n} \leq y) - P(x < M_{1:n}, M_{n:n} \leq y)$$

$$= F^n(y) - (F(y) - F(x))^n,$$

woraus (6.51) folgt.

Durch Grenzübergang $x \to -\infty$ bzw. $y \to \infty$ erhält man die Randverteilungen von $M_{1:n}$ und $M_{n:n}$ zurück; vgl. Lemma 0.1.

Die Frage, ob gegebenenfalls (zweidimensionale) Grenzverteilungen für (gemeinsam) normalisierte Minima und Maxima existieren, beantwortet der folgende Satz.

Satz 6.7. Es sei $F \in \mathcal{D}(G) \cap \mathcal{D}(H)$, wo G eine Extremwertverteilungsfunktion für Maxima und H eine solche für Minima bedeute. Mit den dann existierenden normalisierenden Konstanten A_n, $a_n > 0$, B_n, $b_n \in \mathbb{R}$, so daß

$$P(a_n(M_{n:1} - b_n) \leq x) \to H(x)$$

$$(6.54) \qquad\qquad\qquad\qquad (x,y \in \mathbb{R}, \; n \to \infty)$$

$$P(A_n(M_{n:n} - B_n) \leq y) \to G(y),$$

folgt:

$$(6.55) \quad P(a_n(M_{1:n} - b_1) \leq x, \; A_n(M_{n:n} - B_n) \leq y) \to H(x)\,G(y) \quad (x,y \in \mathbb{R}, \; n \to \infty);$$

d.h. $M_{1:n}$ und $M_{n:n}$ sind asymptotisch unabhängig.

Beweis: Analog zu Lemma 2.3 gilt für Minima:
Ist $0 \leq \nu \leq \infty$ und $\{v_n\}$ eine Folge reeller Zahlen, so sind die Beziehungen

$$(6.56) \quad \lim_{n \to \infty} n\, F(v_n) = \nu \qquad \text{und}$$

$$(6.57) \quad \lim_{n \to \infty} P(M_{1:n} \leq v_n) = \lim_{n \to \infty} (1 - (1 - F(v_n)^n) = 1 - e^{-\nu}$$

äquivalent.

Dies folgt z.B. aus Lemma 2.3 durch Übergang von F zu $1 - F(-.)$ (vgl. Lemma 0.4).

Sei nun $v_n = \frac{x}{a_n} + b_n$, $u_n = \frac{y}{A_n} + B_n$ $\quad (n \in \mathbb{N})$.

Nach Lemma 2.3 und (6.56) und (6.57) gilt dann

$$(6.58) \quad n\, F(v_n) \rightarrow -\log(1 - H(x))$$
$$(n \rightarrow \infty),$$
$$(6.59) \quad n(1 - F(u_n)) \rightarrow -\log G(y)$$

so daß nach (6.43) für genügend große n gilt (da $v_n \rightarrow x_L$, $u_n \rightarrow x_R$):

$$(6.60) \quad P(x < a_n(M_{1:n} - b_n),\ A_n(M_{n:n} - B_n) \leq y)$$

$$= (F(u_n) - F(v_n))^n = (1 - \tfrac{1}{n}\, [n\, F(v_n) + n(1 - F(u_n))])^n$$

$$\rightarrow \exp(\log(1 - H(x)) + \log G(y)) = (1 - H(x))\, G(y) \quad (n \rightarrow \infty).$$

Wegen $P(a_n(M_{1:n} - b_n) \leq x,\ A_n(M_{n:n} - B_n) \leq y)$

$$= P(A_n(M_{n:n} - B_n) \leq y) - P(x < a_n(M_{1:n} - b_n),\ A_n(M_{n:n} - B_n) \leq y)$$

für genügend große n und (6.54) konvergiert also die linke Seite von (6.55) gegen

$$G(y) - (1 - H(x))\, G(y) = H(x)\, G(y).$$

Eine analoge Verallgemeinerung von Satz 6.2, die auch gleichzeitig Aussagen über die Konvergenzgeschwindigkeit zuläßt, kann wie folgt formuliert werden.

Satz 6.8. Es sei wieder $F \in \mathcal{D}(G) \cap \mathcal{D}(H)$ und $k \in \mathbb{N}$, $j \geq 0$ fest. Dann sind $M_{k:n}$ und $M_{n-j:n}$ asymptotisch unabhängig, d.h. mit denselben normalisierenden Konstanten wie in Satz 6.7 gilt:

(6.61) $P(a_n(M_{k:n} - b_n) \le x , A_n(M_{n-j:n} - B_n) \le y) \quad \rightarrow \quad H(k;x)\, G(j;y)$

$$(x,y \in \mathbb{R}, \quad n \rightarrow \infty)$$

wobei $H(k;\cdot)$ gegeben ist durch die rechte Seite von (6.10) (Smirnoff-Verteilung für die k-te Ordnungsstatistik).

Bezeichnet ferner $r_{2,n}(y)$ die (allgemeinere) Restdifferenz für Maxima aus Satz 6.5 (bzw. spezieller (3.13)) und $r_{1,n}(x)$ die entsprechende Restdifferenz für Minima, so gilt (für genügend große n):

(6.62) $|P(a_n(M_{k:n} - b_n) > x, A_n(M_{n-j:n} - B_n) \le y) - (1 - H(k;x))\, G(j;y)|$

$$\le \frac{1}{2n}\, \{\log(1 - H(x)) + \log G(y)\}^2 + |r_{1,n}(x)| + |r_{2,n}(y)| ,$$

falls $\frac{x}{a_n} + b_n < \frac{y}{A_n} + B_n \quad (0 < H(x),\, G(y) < 1)$,

d.h. es gilt

(6.63) $|P(a_n(M_{k:n} - b_n) \le x, A_n(M_{n-j:n} - B_n) \le y) - H(k;x)\, G(j;y)|$

$$= 0\, (\max(\tfrac{1}{n}, |r_{1,n}(x)|, |r_{2,n}(y)|)) \quad (n \rightarrow \infty,\ 0 < H(x),\, G(y) < 1).$$

Zum Beweis wird folgende Verallgemeinerung von Satz 6.4 benutzt (vgl. Deheuvels und Pfeifer (1988 a)).

Satz 6.9. Es seien $I_{jn} = (I_{1jn}, I_{2jn})$, $1 \le j \le n$ unabhängige, multinominalverteilte Zufallsvektoren mit

$$P(I_{jn} = (1,0)) = p_n, \quad P(I_{jn} = (0,1)) = q_n \quad \text{und}$$

(6.64)

$$P(I_{jn} = (0,0)) = 1 - (p_n + q_n) \quad (1 \le j \le n,\ 0 < p_n,\, q_n < 1).$$

Ferner sei $S_n = (S_{1n}, S_{2n})$ mit

(6.65) $S_{1n} = \sum\limits_{j=1}^{n} I_{1jn}, \quad S_{2n} = \sum\limits_{j=1}^{n} I_{2jn}, \quad n \in \mathbb{N}$.

Gilt dann

$$(6.66) \quad \lim_{n \to \infty} np_n = \lambda_1 \in (0,\infty), \quad \lim_{n \to \infty} nq_n = \lambda_2 \in (0,\infty)$$

und sind T_1, T_2 unabhängige, $\mathcal{P}(\lambda_1)$ - bzw. $\mathcal{P}(\lambda_2)$ - verteilte Zufallsvariablen, so gilt

$$(6.67) \quad \sup_{k,m \geq 0} |P(S_{1n} \leq k, S_{2n} \leq m) - P(T_1 \leq k)\, P(T_2 \leq m)|$$

$$\leq \frac{1}{2n}(\lambda_1 + \lambda_2)^2 + |np_n - \lambda_1| + |nq_n - \lambda_2| \quad (n \in \mathbb{N}). \;^{*)}$$

__Beweis:__ Es bezeichne

$$(6.68) \quad \ell_2^\infty = \{ f = \{f(i,j)|i,j \geq 0\} \mid \|f\|_\infty = \sup_{i,j \geq 0} |f(i,j)| < \infty \}$$

den Banach-Raum der absolut-beschränkten Matrizen, und

$$(6.69) \quad \ell_2^1 = \{ h \in \ell_2^\infty \mid \|h\|_1 = \sum_{i=0}^{\infty} \sum_{i=0}^{\infty} |\, h(i,j)\,| < \infty \}$$

den Banach-Raum der absolut-summierbaren Matrizen.

Für $h \in \ell_2^1$, $f \in \ell_2^\infty$ sei die Faltung "$*$" wie folgt definiert:

$$(6.70) \quad h * f(n,m) = \sum_{i=0}^{n} \sum_{i=0}^{m} h(i,j)\, f(n - i,\, m - j) \quad (n,m \geq 0).$$

Dann ist $h * f \in \ell_2^\infty$ mit

$$(6.71) \quad \|h * f\|_\infty \leq \|h\|_1\, \|f\|_\infty.$$

Bezeichnet wieder analog ε_{nm} die Einpunktverteilung in (n,m), $n,m \geq 0$, und identifiziert man (analog dem eindimensionalen Fall) ε_{nm} mit dem ℓ_2^1-Element h mit

---

$^{*)}$ d.h. insbesondere sind S_{1n} und S_{2n} asymptotisch unabhängig und jeweils asymptotisch Poisson-verteilt.

$$(6.72) \quad h(i,j) = \begin{cases} 0, & (i,j) \neq (n,m) \\ \\ 1, & (i,j) = (n,m) \end{cases} \qquad (i,j \geq 0),$$

so definieren

$$(6.73) \quad B_1 f = \varepsilon_{10} * f, \quad B_2 f = \varepsilon_{01} * f \quad (f \in \ell_2^\infty)$$

wieder beschränkte lineare Operatoren mit

$$(6.74) \quad B_1 f(n,m) = \begin{cases} 0, & n = 0 \\ \\ f(n-1,m), & n \geq 1 \end{cases} \qquad (f \in \ell_2^\infty)$$

$$(6.75) \quad B_2 f(n,m) = \begin{cases} 0, & m = 0 \\ \\ f(n,m-1), & m \geq 1. \end{cases}$$

Ist nun Q ein Wahrscheinlichkeitsmaß auf $p(Z^+ \times Z^+)$, so gilt also analog zu (6.14)

$$(6.76) \quad Q * f = \sum_{n=o}^{\infty} \sum_{m=o}^{\infty} Q(\{n,m\}) \, \varepsilon_{10}^{n*} * \varepsilon_{01}^{m*} * f$$

$$= \sum_{n=o}^{\infty} \sum_{m=o}^{\infty} Q(\{n,m\}) \, B_1^n B_2^m f \quad (f \in \ell_2^\infty),$$

also für den Operator $T(Q)$ mit

$$(6.77) \quad T(Q) f = Q * f \qquad (f \in \ell_2^\infty):$$

$$(6.78) \quad \|T(Q)\| \leq \sum_{n=o}^{\infty} \sum_{m=o}^{\infty} Q(\{n,m\}) \, \|B_1\|^n \, \|B_2\|^m \leq 1.$$

Setzt man wieder $A_1 = B_1 - I$, $A_2 = B_2 - I$, so erhält man

$$(6.79) \quad T(P^{I_{j_n}}) = T((1 - (p_n + q_n)) \, \varepsilon_{00} + p_n \, \varepsilon_{10} + q_n \, \varepsilon_{01})$$

$$= I + p_n A_1 + q_n A_2 \quad \text{und damit}$$

$$(6.80) \quad T(P^{S_n}) = (I + p_n A_1 + q_n A_2)^n \quad (n \in \mathbb{N}).$$

Analog ist wieder (vgl. (6.18)):

$$(6.81) \quad T(P^{(T_1, T_2)}) = e^{\lambda_1 A_1} \, e^{\lambda_2 A_2} = (e^{\frac{\lambda_1}{n} A_1} \, e^{\frac{\lambda_2}{n} A_2})^n \quad (n \in \mathbb{N}).$$

Mit $g \in \ell_2^\infty$, gegeben durch $g(i,j) = 1$ $(i,j \geq 0)$, ist dann wieder

$$(6.82) \quad \Delta = \sup_{k,m \geq 0} | P(S_{1n} \leq k, \, S_{2n} \leq m) - P(T_1 \leq k) \, P(T_2 \leq m)|$$

$$= \|[T(P^{S_n}) - T(P^{(T_1, T_2)})] \, g\|_\infty$$

$$= \|[(I + p_n A_1 + q_n A_2)]^n - e^{\lambda_1 A_1} e^{\lambda_2 A_2}] \, g\|_\infty.$$

Da wie im Beweis zu Satz 6.4 die beteiligten Operatoren kommutativ und kontraktiv sind, erhält man analog zu (6.23)

$$(6.83) \quad \Delta \leq n\| \, [(I + p_n A_1 + q_n A_2) - e^{\frac{\lambda_1}{n} A_1} \, e^{\frac{\lambda_2}{n} A_2}] \, g\|_\infty$$

$$= n \sup_{k,m \geq 0} |P(I_{11n} \leq k, \, I_{21n} \leq m) - P(T_{1n} \leq k) \, P(T_{2n} \leq m)| \, ,$$

wo T_{1n}, T_{2n} unabhängige $\mathcal{P}(\frac{\lambda_1}{n})$ - bzw. $\mathcal{P}(\frac{\lambda_2}{n})$ - verteilte Zufallsvariablen sind. Unter Verwendung der Beziehungen (6.25) bis (6.30) ist aber

$$(6.84) \quad |P(I_{11n} = I_{21n} = 0) - P(T_{1n} = T_{2n} = 0)|$$

$$= |1 - (p_n + q_n) - e^{-\frac{\lambda_1 + \lambda_2}{n}} |$$

$$\leq \frac{1}{2} (\frac{\lambda_1 + \lambda_2}{n})^2 + |p_n - \frac{\lambda_1}{n}| + |q_n - \frac{\lambda_2}{n}|$$

$$(6.85) \quad |P(I_{11n} \leq 1, \, I_{21n} = 0) - P(T_{1n} \leq 1, \, T_{2n} = 0|$$

$$= |1 - q_n - (1 + \frac{\lambda_1}{n})e^{-\frac{\lambda_1 + \lambda_2}{n}} |$$

$$\leq \frac{1}{2}\left((\frac{\lambda_1}{n})^2 + (\frac{\lambda_2}{n})^2\right) + |q_n - \frac{\lambda_2}{n}|$$

(6.86) $\quad |P(I_{11n} = 0, I_{21n} \leq 1) - P(T_{1n} = 0, T_{2n} \leq 1)|$

$$= |1 - p_n - (1 + \frac{\lambda_2}{n})e^{-\frac{\lambda_1 + \lambda_2}{n}}|$$

$$\leq \frac{1}{2}\left((\frac{\lambda_1}{n})^2 + (\frac{\lambda_2}{n})^2\right) + |p_n - \frac{\lambda_1}{n}|$$

(6.87) $\quad |P(I_{11n} \leq k, I_{21n} \leq m) - P(T_{1n} \leq k, T_{2n} \leq m)|$

$$\leq |P(I_{11n} \leq 1, I_{21n} \leq 1) - P(T_{1n} \leq 1, T_{2n} \leq 1)|$$

$$= 1 - (1 + \frac{\lambda_1}{n})(1 + \frac{\lambda_2}{n})\, e^{-\frac{\lambda_1 + \lambda_2}{n}}$$

$$\leq 1 - (1 + \frac{\lambda_1 + \lambda_2}{n})e^{-\frac{\lambda_1 + \lambda_2}{n}} \leq \frac{1}{2}(\frac{\lambda_1 + \lambda_2}{n})^2 \quad (m, k \geq 1).$$

Mit (6.83) ergibt sich hieraus die Behauptung.

Der Beweis von Satz 6.8 ergibt sich nunmehr wie folgt:

Sei wieder $u_n = \frac{y}{A_n} + B_n$, $v_n = \frac{x}{a_n} + b_n$. Wegen $u_n \to x_R$, $v_n \to x_L$ ist schließlich $v_n \leq u_n$. Sei nun für diesen Fall

(6.88) $\quad I_{1jn} = I(X_j \leq v_n), \quad I_{2jn} = I(X_j > u_n), \, 1 \leq j \leq n.$

Dann sind die $I_{jn} = (I_{1jn,2jn})$ unabhängig multinominalverteilt mit

(6.89) $\quad p_n = P(X_j \leq v_n) = F(v_n), \, q_n = P(X_j > u_n) = 1 - F(u_n)$

und nach (6.58) und (6.59)

(6.90) $\quad np_n \to -\log(1 - H(x)) = \lambda_1, \, nq_n \to -\log G(y) = \lambda_2 \, (n \to \infty)$

mit

(6.91) $r_{1,n}(x) = nF(v_n) - [-\log(1 - H(x))]$, $r_{2,n}(y) = n(1 - F(u_n)) - [-\log G(y)]$.

Wegen

(6.92) $P(a_n(M_{k:n} - B_n) > x, A_n(M_{n-j:n} - B_n) \le y)$

$$= P \left(\sum_{i=1}^{n} I_{1in} \le k - 1, \sum_{i=1}^{n} I_{2in} \le j \right) \qquad (n \in \mathbb{N})$$

folgt die Aussage nun unmittelbar mit Satz 6.9 (und Satz 6.5 für Beziehung (6.63)).

Die Konvergenzgeschwindigkeit in (6.63) wird also bestimmt durch die langsamere der beiden jeweiligen Konvergenzgeschwindigkeiten für die Randverteilungen.

Weitere Eigenschaften gemeinsamer Verteilungen von Ordnungsstatistiken werden in den folgenden Ergebnissen vorgestellt.

Lemma 6.4. Besitzt die Verteilung der $\{X_n\}$ eine Dichte f, so ist eine gemeinsame Dichte f_M der Ordnungsstatistiken $M = (M_{1:n},...,M_{n:n})$ gegeben durch

(6.93) $f_M(x_1,...,x_n) = n! \, I(x_1 \le ... \le x_n) \prod_{i=1}^{n} f(x_i)$.

Beweis: Es sei $K_n = \{(x_1,...,x_n) \in \mathbb{R}^n \mid x_1 \le x_2 \le ... \le x_n\}$

und

$$S = \begin{cases} \sigma \in \Sigma_n, \text{ falls } M_{k:n} = X_{\sigma(k)} \quad \text{und} \quad X_i \ne X_j, \, 1 \le i, j \le n, \, i \ne j \\[2ex] (1 \, 2 \, ... \, n), \text{ sonst} \end{cases}$$

wobei Σ_n die Permutationsgruppe der Zahlen $\{1,...,n\}$ bezeichne. Wegen $P(X_i = X_j) = 0$ für $i \ne j$ gilt dann mit $x_1 \le ... \le x_n$:

(6.94) $P(M_{1:n} \leq x_1,...,M_{n:n} \leq x_n) = P(\bigcup_{\sigma \in \Sigma_n} \{S = \sigma\} \cap \bigcap_{i=1}^{n} \{X_{\sigma(i)} \leq x_i\})$

$= \sum_{\sigma \in \Sigma_n} P(\{S = \sigma\} \cap \bigcap_{i=1}^{n} \{X_{\sigma(i)} \leq x_i\})$

$= \sum_{\sigma \in \Sigma_n} P((X_{\sigma(1)},...,X_{\sigma(n)}) \in K_n \cap \underset{i=1}{\overset{n}{X}} (-\infty,x_i])$

$= n! \, P((X_1,...,X_n) \in K_n \cap \underset{i=1}{\overset{n}{X}} (-\infty,x_i])$

$= n! \int_{\infty}^{x_n} ... \int_{\infty}^{x_1} I(u_1 \leq ... \leq u_n) \prod_{i=1}^{n} f(u_i) \, du_1...du_n,$

woraus die Behauptung folgt.

Lemma 6.5. Unter den Voraussetzungen von Lemma 6.4 ist eine Dichte f_k der ersten k Ordnungsstatistiken $(M_{1:n},...,M_{k:n})$ (k $\in$ $\mathbb{N}$) gegeben durch

(6.95) $f_k(x_1,...,x_k) = \dfrac{n!}{(n-k)!} \, (1 - F(x_k))^{n-k} \, I(x_1 \leq ... \leq x_k) \prod_{i=1}^{k} f(x_i),$

wobei wieder F die zugehörige Verteilungsfunktion bezeichne.

Beweis: Es ist für $x_1 \leq ... \leq x_k$

(6.96) $f_k(x_1,...,x_k) = \int_{-\infty}^{\infty} ... \int_{-\infty}^{\infty} f_M(x_1,...,x_n) dx_{k+1} ... dx_n$

$= \prod_{i=1}^{k} f(x_i) \int_{x_k}^{\infty} \int_{x_k}^{x_n} ... \int_{x_k}^{x_{k+3}} \int_{x_k}^{x_{k+2}} n! \, f(x_{k+1}) dx_{k+1} \, f(x_{k+2}) dx_{k+2} ... f(x_n) dx_n$

$= n! \prod_{i=1}^{k} f(x_i) \int_{x_k}^{\infty} \int_{x_k}^{x_n} ... \int_{x_k}^{x_{k+3}} [F(x_{k+2}) - F(x_k)] \, f(x_{k+2}) dx_{k+2} ... f(x_n) dx_n$

$= ... = n! \prod_{i=1}^{k} f(x_i) \int_{x_k}^{\infty} \dfrac{(F(x_n) - F(x_k))^{n-k-1}}{(n-k-1)!} \, f(x_n) dx_n$

$= n! \prod_{i=1}^{k} f(x_i) \left. \dfrac{(F(x_n) - F(x_k))^{n-k}}{(n-k)!} \right|_{x_k}^{\infty} = \dfrac{n!}{(n-k)!} \, (1 - F(x_k))^{n-k} \prod_{i=1}^{k} f(x_i).$

Satz 6.10. Unter den Voraussetzungen von Lemma 6.4 bilden $M_{1:n},\dots,M_{n:n}$ eine (endliche) Markoff-Kette mit bedingten Dichten der Form

$$(6.97) \quad f_{M_{k+1:n}}(x_{k+1}|M_{1:n} = x_1,\dots,M_{k:n} = x_k) = f_{M_{k+1:n}}(x_{k+1}|M_{k:n} = x_k) =$$

$$(n - k)\,\frac{(1-F(x_{k+1}))^{n-k-1}}{(1-F(x_k))^{n-k}}\, f(x_{k+1})\, I(x_k \leq x_{k+1}),\ 1 \leq k < n.$$

Beweis. Folgt sofort aus Lemma 6.5 durch Quotientenbildung unter Beachtung von $I(x_1 \leq \dots \leq x_n) = \prod_{i=1}^{n-1} I(x_i \leq x_{i+1})$.

Aus (6.97) erhält man durch Integration sofort

$$(6.98) \quad P(M_{k+1:n} > y \mid M_{k:n} = x) = \left(\frac{1-F(y)}{1-F(x)}\right)^{n-k} \quad (x \leq y,\ 1 \leq k < n).$$

Für den Fall von Exponentialverteilungen erhält man als Konsequenz hieraus

Satz 6.11. Es sei $F(x) = 1 - e^{-\lambda x}$, $x > 0$ ($\lambda > 0$) und $D_1 = M_{1:n}$, $D_k = M_{k:n} - M_{k-1:n}$, $2 \leq k \leq n$. Dann sind $D_1,\dots,D_n$ unabhängig, und es gilt

$$(6.99) \quad P^{D_k} = \mathcal{E}((n - k + 1)\lambda),\ 1 \leq k \leq n.$$

Beweis. Es seien $\{Y_n\}$ unabhängig mit Verteilungsfunktion F, und

$$(6.100) \quad Z_n = \sum_{k=1}^{n} \frac{Y_k}{n-k+1} \quad (n \in \mathbb{N}).$$

Dann ist $Z_1,\dots,Z_n$ (endliche) Markoff-Kette mit

$$(6.101) \quad f_{Z_{k+1}}(y|Z_k = x) = f_{\frac{Y_k}{n-k+1}}(y - x) = (n - k + 1)\,\lambda e^{-(n-k+1)(y-x)}$$

$$= (n - k + 1)\,\frac{(1-F(y))^{n-k}}{(1-F(x))^{n-k+1}}\, f(y) \quad (0 \leq x \leq y,\ 1 \leq k < n)$$

nach Beispiel A1.2 (Anhang), so daß wegen Satz (6.10) die Verteilungen von $Z_1,...,Z_n$ und $(M_{1:n},...,M_{n:n})$ übereinstimmen, und damit auch die von $(\frac{Y_1}{n}, \frac{Y_2}{n-1},...,Y_n)$ und $(D_1,D_2,...,D_n)$, woraus die Behauptung folgt.

Aus (6.100) ergibt sich übrigens sofort für $k_n = [\![n\beta]\!]$, $0 < \beta < 1$ ($\lambda = 1$):

$$(6.102) \quad E(M_{k_n:n}) = E(Z_{k_n}) = \sum_{J=1}^{k_n} \frac{1}{n-J+1} = \sum_{J=n-k_n+1}^{n} \frac{1}{J}$$

$$\sim \log n - \log(n - k_n) = \log(\frac{n}{n-k_n}) \sim - \log(1 - \beta) \quad (n \to \infty)$$

$$(6.103) \quad \mathrm{Var}(M_{k_n:n}) = \mathrm{Var}(Z_{k_n}) = \sum_{J=1}^{k_n} \frac{1}{(n-J+1)^2} = \sum_{J=n-k_n+1}^{n} \frac{1}{J^2}$$

$$\sim \frac{1}{n-k_n} - \frac{1}{n} \sim \frac{k_n}{n(n-k_n)} \sim \frac{\beta}{n(1-\beta)} \quad (n \to \infty),$$

wobei auch analog zu (6.49) gilt

$$(6.104) \quad P(\sqrt{\frac{n(1-\beta)}{\beta}} \ (M_{k_n:n} + \log(1-\beta)) \leq x) \to \Phi(x) \quad (x \in \mathbb{R}, n \to \infty).$$

Entsprechend folgt

$$(6.105) \quad E(M_{n-k_n:n}) = \sum_{J=k_n+1}^{n} \frac{1}{J} \sim - \log \beta \quad (n \to \infty)$$

$$(6.106) \quad \mathrm{Var}(M_{n-k_n:n}) = \sum_{J=k_n+1}^{n} \frac{1}{J^2} \sim \frac{1-\beta}{n\beta} \quad (n \to \infty),$$

in Anlehnung an (6.49).

Wir wollen nun noch abschließend zeigen, daß die (gemeinsam) normalisierten Ordnungsstatistiken schwach gegen die Ankunftszeitenfolge geeigneter Poisson-Prozesse konvergieren, was insbesondere durch Beziehung (6.98) nahegelegt wird.

Satz 6.12. Es sei $F \in \mathcal{D}(G) \cap \mathcal{D}(H)$, und die normalisierenden Konstanten $\{A_n\}$, $\{a_n\}$, $\{B_n\}$, $\{b_n\}$ wie in Satz 6.7. Ferner seien die (einfachen) Punktprozesse $\{\xi_n\}$ und $\{\zeta_n\}$ definiert durch

$$(6.107) \quad \xi_n = \sum_{k=1}^{n} \varepsilon_{(a_n(M_{k:n}-b_n))}$$

$$(6.108) \quad \zeta_n = \sum_{k=1}^{n} \varepsilon_{(A_n(M_{k:n}-B_n))} \cdot$$

Dann konvergieren $\{\xi_n\}$ und $\{\zeta_n\}$ jeweils (lokal-)schwach gegen Poisson-Prozesse ξ bzw. ζ mit

$$(6.109) \quad E\ \xi((a,b]) = - \log \frac{1 - H(b)}{1 - H(a)} \qquad (H(a) < H(b) < 1)$$

$$(6.110) \quad E\ \zeta((a,b]) = \log \frac{G(b)}{G(a)} \qquad (0 < G(a) < G(b)).$$

Beweis: Zunächst ist offensichtlich auch

$$(6.111) \quad \xi_n = \sum_{k=1}^{n} \varepsilon_{(a_n(X_k-b_n))}, \quad \zeta_n = \sum_{k=1}^{n} \varepsilon_{(A_n(X_k-B_n))} \cdot$$

Für $a < b$ gilt dann

$$(6.112) \quad E\ \xi_n\ ((a,b]) = n\ [F(\tfrac{b}{a_n} + b_n) - F(\tfrac{a}{a_n} + b_n)] \rightarrow$$

$$- \log (1 - H) \Big|_{a}^{b} = - \log \frac{1 - H(b)}{1 - H(a)} \quad (n \rightarrow \infty),$$

$$(6.113) \quad E\ \zeta_n((a,b]) = n\ [F(\tfrac{b}{A_n} + B_n) - F(\tfrac{a}{A_n} + B_n)]$$

$$= n\ [\{1 - F(\tfrac{a}{A_n} + B_n)\} - \{1 - F(\tfrac{b}{A_n} + B_n)\}] \rightarrow - \log G \Big|_{b}^{a}$$

$$= \log \frac{G(b)}{G(a)} \quad (n \rightarrow \infty).$$

Analog folgt für $\alpha_1 < \beta_1 < \alpha_2 < \beta_2 < \ldots < \alpha_m < \beta_m$:

$$(6.114) \quad P(\xi_n(\bigcup_{l=1}^{m} (\alpha_l, \beta_l]) = 0) = P(\bigcap_{k=1}^{n} \{X_k \notin \bigcup_{l=1}^{m} (\tfrac{\alpha_l}{a_n} + b_n, \tfrac{\beta_l}{a_n} + b_n]\})$$

$$= [1 - \frac{1}{n} \sum_{l=1}^{m} \{n \, F(\frac{\beta_l}{a_n} + b_n) - n \, F(\frac{\alpha_l}{a_n} + b_n)\}]^n$$

$$\to \exp(- \sum_{l=1}^{m} - \log \frac{1-H(\beta_l)}{1-H(\alpha_l)}) = \prod_{l=1}^{m} \frac{1-H(\beta_l)}{1-H(\alpha_l)}$$

$$= P(\xi(\bigcup_{l=1}^{m} (\alpha_l, \beta_l]) = 0) \qquad (n \to \infty, \; m \in \mathbb{N}),$$

ebenso

$$(6.115) \quad P(\zeta_n(\bigcup_{l=1}^{m} (\alpha_l, \beta_l]) = 0) \to \prod_{l=1}^{m} \frac{G(\alpha_l)}{G(\beta_l)} = P(\zeta_n(\bigcup_{l=1}^{m} (\alpha_l, \beta_l]) = 0).$$

$$(n \to \infty, \; m \in \mathbb{N}).$$

Die Aussage folgt nun nach Satz A2.2 (Anhang).

Interessant ist hier, daß die normalisierten Ordnungsstatistiken unter beiden Normalisierungen (für Minima _und_ Maxima) schwach konvergieren, allerdings gegen unterschiedliche Grenzprozesse. Insbesondere konvergieren also für festes k $(a_n(M_{1:n} - b_n),...,a_n(M_{k:n} - b_n))$ schwach gegen die ersten k Ankunftszeiten des Poisson-Prozesses ξ.

Im Fall von Exponentialverteilungen $\mathcal{E}(\lambda)$ $(\lambda > 0)$ ist z.B. $H(x) = 1 - e^{-\lambda x}$ (mit $a_n = n$, $b_n = 0$), so daß

$$(6.116) \quad E \, \xi((a,b]) = - \log \frac{1 - H(b)}{1 - H(a)} = \lambda(b - a) \qquad (0 \le a < b),$$

d.h. ξ ist hier ein homogener Poisson-Prozeß mit Parameter λ.

Dies rechtfertigt nachträglich die Annahme, daß im Beispiel 0.1 des radioaktiven Zerfalls der Zerfallsprozeß selbst (näherungsweise) ein Poisson-Prozeß ist mit (anfänglicher Strahlungs-) Intensität $\frac{n \log 2}{3.15 \; h} 10^{-7}$ Bq $= \frac{1.32 \cdot 10^{16}}{h}$ Bq (für ein Mol Ausgangsmaterial mit Halbwertszeit h in Jahren; $n \approx 6 \cdot 10^{23}$).

Im anderen Fall gilt mit $A_n = 1$, $B_n = \log n$:

$$(6.117) \quad E \, \zeta((a,b]) = \log \frac{G_1(b)}{G_1(a)} = e^{-\lambda b} - e^{\lambda a} \qquad (a < b)$$

Man beachte, daß hier $A_n(M_{1:n} - B_n) = M_{1:n} - \log n \to -\infty$, während im ersten Fall $a_n(M_{n:n} - b_n) = n\, M_{n:n} \to \infty$ strebt für $n \to \infty$.

Anmerkungen zum Text.

Die Ausführungen dieses Kapitels orientieren sich u.a. an Leadbetter/Lindgren/ Rootzén (1963), Chapter 2 und Galambos (1987). Die in den Sätzen 6.4 und 6.9 verwendete Operatortechnik wurde von Deheuvels und Pfeifer (1986 a,b, 1987, 1988 a,b), Deheuvels, Karr, Pfeifer und Serfling (1988) und Deheuvels, Pfeifer und Puri (1989) entwickelt.

Anmerkungen zur Literatur.

Ordnungsstatistiken spielen u.a. auch in der mathematischen Statistik eine große Rolle, etwa im Bereich der Nichtparametrischen Statistik (vgl. z.B. Reiß (1989)); hier sind auch Fragen der (schwachen) Konvergenz von Bedeutung. Untersuchungen bzgl. gleichmäßiger Konvergenzraten stammen z.B. von Falk (1986, 1989) und Janßen und Reiß (1988). Eine der Operatormethode verwandte Technik der Poisson-Approximation für abhängige Zufallsvariablen im Zusammenhang mit Extremwerten wird in Smith (1988) diskutiert. Strukturfragen von Ordnungsstatistiken (auch bei diskreten Verteilungen) werden z.B. in Arnold, Becker, Gather und Zahedi (1984) behandelt.

Dem Themenkreis "Ordnungsstatistiken" ist beispielsweise auch der Band 17(7) der Communications in Statistics: Theory and Methods (1988) gewidmet.

Schlußbemerkungen.

In dem vorliegenden Text konnten naturgemäß nicht alle Aspekte der Extremwertstatistik behandelt werden. Ausgeklammert wurden beispielsweise folgende Themenbereiche:

- Nichtstandard-Anziehungsbereiche (vgl. z.B. Graça Martins und Pestana (1987))

- Extrema mehrdimensionaler Beobachtungen (vgl. z.B. Deheuvels (1983 c, 1985), Resnick (1987), Tiago de Oliveira (1962, 1975, 1980))

- Verteilungscharakterisierungen (vgl. z.B. Gather (1989 a), Gather und Gajek (1989), Witte (1989))

- Rekorde anderer Ordnungsstatistiken (vgl. z.B. Deheuvels (1984 b, 1988), Goldie und Rogers (1984), Resnick (1987))

- Ausreißerprobleme (vgl. z.B. Gather (1980, 1985, 1989 b), Gather und Kale (1982), Gather und Mathar (1983), Mathar (1981, 1984 a,b, 1985, 1986, 1989))

- Entartete Grenzverteilungen (vgl. z.B. Gnedenko (1943), Resnick (1987), Gather und Pfeifer (1987))

und andere.

Ausgewählte Überblicke über aktuelle Fragen innerhalb der Extremwertstatistik geben auch Band 20 (1988) der Advances in Applied Probability (Workshop on Extremes of Random Processes in Applied Probability, Santa Barbara 1987) und Hüsler und Reiß (Extremwerttheorie, Oberwolfach 1987).

Anhang

A1 Markoff-Ketten und Markoff-Prozesse

Definition A1.1. Es sei $\{Z_n\}$ eine Folge von Zufallsvariablen auf einem Wahrscheinlichkeitsraum $(\Omega, \mathcal{A}, P)$ mit Werten in einem Meßraum $(\mathcal{X}, \mathcal{B})$. $\{Z_n\}$ heißt Markoff-Kette, wenn

$$(A1.1) \qquad P(Z_n \in B|Z_{n-1}, \ldots, Z_1) = P(Z_n \in B|Z_{n-1}) \qquad \textit{fast sicher}$$

gilt für alle $n \in I\!N, n \geq 2$ und $B \in \mathcal{B}$. Insbesondere existieren für $n \geq 2$ (nicht notwendig eindeutig bestimmte) Abbildungen $G_n : B \times \mathcal{X} \to \mathcal{X}$ derart, daß $G_n(B, \cdot)$ meßbar ist für jedes $B \in \mathcal{B}$ und die Beziehung

$$(A1.2) \qquad P(Z_n \in B|Z_{n-1}) = G_n(B, Z_{n-1}) \qquad (n \geq 2)$$

gilt*). Die Markoff-Kette heißt regulär, wenn die Abbildungen G_n darüberhinaus so gewählt werden können, daß $G_n(\cdot, x)$ eine Wahrscheinlichkeitsverteilung für alle $x \in \mathcal{X}$ ist. **) $G_n(\cdot, x)$ heißt dann auch Übergangswahrscheinlichkeit.
Die Markoff-Kette heißt homogen, wenn die Abbildungen G_n (bzw. die Übergangswahrscheinlichkeiten) unabhängig von n gewählt werden können.

Bemerkung: Der Ausdruck $G_n(B, z)$, $z \in \mathcal{X}$ wird üblicherweise mit $P(Z_n \in B|Z_{n-1} = z)$ bezeichnet ("bedingte Verteilung von Z_n unter (der Hypothese) $Z_{n-1} = z$").

Die Verteilung einer Markoff-Kette ist durch das System der Übergangswahrscheinlichkeiten sowie der Anfangsverteilung eindeutig bestimmt und läßt sich durch iterierte Integration vermöge (A1.1) darstellen (Satz von Ionescu Tulcea; vgl. etwa Gänssler/Stute, Satz 1.9.3.).

Im Fall $\mathcal{X} = I\!R^m, \mathcal{B} = \mathcal{B}^m$ (Borel'sche σ-Algebra über $I\!R^m, m \in I\!N$) nennt man die Markoff-Kette $\{Z_n\}$ auch m-dimensional.

---

*) etwa aufgrund des Faktorisierungssatzes für bedingte Erwartungen (vgl. Bauer (1974), §55 oder Gänssler/Stute (1977), Satz 1.2.24)
**) dies ist z.B. bei polnischen Räumen $(\mathcal{X}, \mathcal{B})$ möglich; vgl. Bauer (1974), Satz 56.5.

__Lemma A1.1.__ Es seien Z_1, Z_2 Zufallsvariablen auf $(\Omega, \mathcal{A}, P)$ mit Werten in Meßräumen $(\mathcal{X}_1, \mathcal{B}_1)$ bzw. $(\mathcal{X}_2, \mathcal{B}_2)$. Besitzt dann (Z_1, Z_2) eine (gemeinsame) Dichte h bezüglich eines Produktmaßes $\mu \otimes \nu$, wobei μ auf $\mathcal{B}_1$ und ν auf $\mathcal{B}_2$ definiert sei, so ist

$$(A1.3) \qquad f_{Z_2}(z_2|Z_1 = z_1) = \begin{cases} \frac{h(z_1,z_2)}{f_{Z_1}(z_1)}, & f_{Z_1}(z_1) > 0 \\ f(z_2), & f_{Z_1}(z_1) = 0 \end{cases} \qquad (z_1 \in \mathcal{X}_1, z_2 \in \mathcal{X}_2)$$

eine bedingte ν-Dichte von Z_2 unter $Z_1 = z_1$ (genauer: der (regulären) bedingten Verteilung $P^{Z_2}(\cdot|Z_1 = z_1)$), wobei die Randdichte f_{Z_1} von Z_1 durch

$$(A1.4) \qquad f_{Z_1}(z_1) = \int h(z_1, \cdot)d\nu \qquad (z_1 \in \mathcal{X}_1)$$

definiert sei und f eine beliebige (aber feste) ν-Dichte bezeichne.

__Beweis:__ Es genügt zu zeigen, daß

$$(A1.5) \qquad P(Z_2 \in B_2, Z_1 \in B_1) = \int_{B_1} P(Z_2 \in B_2|Z_1 = z_1)P^{Z_1}(dz_1)$$

$$= \int_{B_1} \int_{B_2} f_{Z_2}(z_2|Z_1 = z_1)\nu(dz_2)f_{Z_1}(z_1)\mu(dz_1)$$

$$= \int_{B_2} \int_{B_1} f_{Z_2}(z_2|Z_1 = z_1)f_{Z_1}(z_1)\mu(dz_1)\nu(dz_2)$$

für alle $B_1 \in \mathcal{B}_1, B_2 \in \mathcal{B}_2$ gilt.

Sei $C = \{z_1 \in \mathcal{X}_1 | f_{Z_1}(z_1) > 0\}$. Dann ist für alle $z_2 \in \mathcal{X}_2$

$$(A1.6) \qquad \int_{B_1} f_{Z_2}(z_2|Z_1 = z_1)f_{Z_1}(z_1)\mu(dz_1) = \int_{B_1 \cap C} f_{Z_2}(z_2|Z_1 = z_1)f_{Z_1}(z_1)\mu(dz_1)$$

$$= \int_{B_1 \cap C} \frac{h(z_1, z_2)}{f_{Z_1}(z_1)} f_{Z_1}(z_1)\mu(dz_1) = \int_{B_1 \cap C} h(z_1, z_2)\mu(dz_1) = \int_{B_1} h(z_1, z_2)\mu(dz_1),$$

also

$$(A1.7) \qquad \int_{B_2} \int_{B_1} f_{Z_2}(z_2|Z_1 = z_1)f_{Z_1}(z_1)\mu(dz_1)\nu(dz_2) = \int_{B_2} \int_{B_1} h(z_1, z_2)\mu(dz_1)\nu(dz_2)$$

$$= \int_{B_1 \times B_2} h \, d\mu \otimes \nu = P(Z_1 \in B_1, Z_2 \in B_2),$$

was zu zeigen war.

Man beachte, daß die Wahl von f in der Fallunterscheidung in (A1.3) notwendig ist, um eine reguläre bedingte Verteilung zu erhalten.

Beispiel A1.1.

a) Es seien $\mathcal{X}_1, \mathcal{X}_2$ abzählbar. Dann können μ und ν als Zählmaße auf $\mathcal{X}_1$ bzw. $\mathcal{X}_2$ gewählt werden, d.h.

$$(A1.8) \qquad \mu = \sum_{x_1 \in \mathcal{X}_1} \varepsilon_{x_1}, \qquad \nu = \sum_{x_2 \in \mathcal{X}_2} \varepsilon_{x_2}$$

mit den Dirac-Maßen (Einpunkt-Verteilungen) ε_x definiert durch $\varepsilon_x(B) = I(x \in B)$ (vgl. (0.11)). (A1.3) geht dann über in

$$(A1.9) \qquad f_{Z_2}(z_2|Z_1 = z_1) = \begin{cases} P(Z_2 = z_2|Z_1 = z_1), & P(Z_1 = z_1) > 0 \\ f(z_2), & P(Z_1 = z_1) = 0 \end{cases}$$

$(z_1 \in \mathcal{X}_1, z_2 \in \mathcal{X}_2)$. Hierbei ist $P(Z_2 = z_2|Z_1 = z_1) = \frac{P(Z_1=z_1, Z_2=z_2)}{P(Z_1=z_1)}$ die gewöhnliche (elementare) bedingte Wahrscheinlichkeit.

b) Es sei $\mathcal{X}_1 = I\!R^{m_1}, \mathcal{X}_2 = I\!R^{m_2}$ $(m_1, m_2 \in I\!N)$. Besitzt dann (Z_1, Z_2) eine Dichte h bezüglich des Lebesgue-Maßes λ^m auf $\mathcal{B}^m$ mit $m = m_1 + m_2$, so können $\mu = \lambda^{m_1}$ und $\nu = \lambda^{m_2}$ gewählt werden, und eine bedingte λ^{m_2}-Dichte von Z_2 unter $Z_1 = z_1$ existiert im Sinne von (A1.3).

c) Entsprechendes gilt im gemischt-stetig-diskreten Fall. Ist beispielsweise f eine Zähldichte auf $I\!N$ und g eine λ^1-Dichte und besitzt (Z_1, Z_2) die Verteilung

$$(A1.10) \qquad P(Z_1 = k, Z_2 \in B) = kf(k) \int_B g(ky)\lambda^1(dy) \qquad (k \in I\!N, B \in \mathcal{B}^1),$$

d.h. eine Dichte h der Form

$$(A1.11) \qquad h(k,y) = kf(k)g(ky) \qquad (k \in I\!N, y \in I\!R)$$

bezüglich des Produktmaßes $\mu \otimes \lambda^1$ mit $\mu = \sum_{i=1}^{\infty} \varepsilon_i$, *) so ist $f_{Z_1} = f$, also nach (A1.3)

$$(A1.12) \qquad f_{Z_2}(y|Z_1 = k) = kg(ky) \qquad (y \in I\!R, k \in I\!N)$$

eine bedingte λ^1-Dichte von Z_2 unter $Z_1 = k$. Umgekehrt ist

$$(A1.13) \qquad f_{Z_1}(k|Z_2 = y) = \frac{kf(k)g(ky)}{\sum_{i=1}^{\infty} if(i)g(iy)} \qquad (k \in I\!N, y \in I\!R)$$

---

*) Man beachte dabei, daß – etwa aufgrund der Substitutionsregel – $\int kg(ky)\lambda^1(dy) = \int g(z)\lambda^1(dz) = 1$ gilt.

eine bedingte Zähldichte von Z_1 unter $Z_2 = y$, sofern etwa $g > 0$ auf $I\!R^+$ (sonst ist evtl. eine Fallunterscheidung wie in (A1.3) nötig). Ist beispielsweise

$$g(y) = e^{-y} \quad (y > 0;\ \textit{Exponentialverteilung}) \quad \text{und}$$

$$f(k) = p(1-p)^{k-1} \quad (k \in I\!N, 0 < p < 1;\ \textit{geometrische Verteilung}),$$

so ist

$$f_{Z_2}(y|Z_1 = k) = ke^{-ky} \quad (y > 0;\ \textit{Exponentialverteilung mit Parameter } k,\ k \in I\!N)$$

und

$$f_{Z_1}(k|Z_2 = y) = (1 - (1-p)e^{-y})^2 k((1-p)e^{-y})^{k-1} \quad (k \in I\!N, y > 0)$$

(*negative Binomialverteilung*); vgl. hierzu auch Satz 4.9.

Lemma A1.2. Es sei $\{Z_n\}$ eine Folge von Zufallsvariablen mit Werten in einem Meßraum $(\mathcal{X}, \mathcal{B})$. Ferner möge für jedes $n \in I\!N$ der Zufallsvektor $(Z_1, \ldots, Z_n)$ eine Dichte h_n bezüglich eines Produktmaßes $\mu_1 \otimes \cdots \otimes \mu_n$ besitzen, wobei μ_k auf $\mathcal{B}$ definiert sei für alle $k \in I\!N$. Existieren dann meßbare Abbildungen $g_n : \mathcal{X} \times \mathcal{X} \to \mathcal{X}$, $n \geq 2$ derart, daß

$$(A1.14) \qquad \frac{h_n(z_1, \ldots, z_n)}{h_{n-1}(z_1, \ldots, z_{n-1})} = g_n(z_n, z_{n-1})$$

gilt für alle $z_1, \ldots, z_{n-1} \in \mathcal{X}$ mit $h_{n-1}(z_1, \ldots, z_{n-1}) > 0$, so ist $\{Z_n\}$ eine reguläre Markoff-Kette. Lassen sich die Abbildungen g_n sowie die μ_n darüberhinaus unabhängig von n wählen, ist die Markoff-Kette sogar homogen.

Beweis: Nach Lemma A1.1 ist

$$g_n(z_n, z_{n-1}) = f_{Z_n}(z_n|Z_{n-1} = z_{n-1}, \ldots, Z_1 = z_1) \text{ für } h_{n-1}(z_1, \ldots, z_{n-1}) > 0, \text{ unabhängig}$$

von $z_1, \ldots, z_{n-2}$. Setzt man g_n auf den Bereich $h_{n-1}(z_1, \ldots, z_{n-1}) = 0$ im Sinne von (A1.3) fort (etwa mit einer festen Dichte f), so zeigt Definition A1.1, daß die durch

$$(A1.15) \qquad G_n(B, z) = \int_B g_n(y, z)\mu_n(dy), \qquad z \in \mathcal{X}, B \in \mathcal{B}, n \geq 2$$

definierten Abbildungen die dort geforderten Eigenschaften besitzen und insbesondere

$$(A1.16) \qquad P(Z_n \in B|Z_{n-1}, \ldots, Z_1) = G_n(B, Z_{n-1}) \quad \textit{fast sicher } (B \in \mathcal{B}, n \geq 2)$$

erfüllen. Aus der Unabhängigkeit der g_n und μ_n von n folgt ferner die der G_n und somit die Homogenität der Markoff-Kette.

Der obige Beweis zeigt, daß die (geeignet fortgesetzten) Abbildungen g_n zugleich (bedingte) μ_n-Dichten der Übergangswahrscheinlichkeiten der Markoff-Kette bilden.

Beziehung (A1.14) läßt sich auch folgendermaßen interpretieren:

Ist jede der Dichten h_n darstellbar als Produkt

$$(A1.17) \qquad h_n(z_1,\ldots,z_n) = h_1(z_1) \prod_{k=2}^{n} g_k(z_k,z_{k-1}) \quad (z_1,\ldots,z_n \in \mathcal{X}, n \in I\!N),$$

wobei $g_k(z_k,z_{k-1})$ meßbar und in z_k eine μ_k-Dichte ist ($k \geq 2$), so ist (A1.14) erfüllt und daher $\{Z_n\}$ eine Markoff-Kette.

Beispiel A1.2. Es sei $\{X_n\}$ eine Folge unabhängiger, reeller Zufallsvariablen, $Z_n = \sum_{k=1}^{n} X_k$, $n \in I\!N$. Ferner möge jedes X_n eine Dichte f_n bezüglich eines Maßes μ_n auf $\mathcal{B}^1$ besitzen. Dann ist $\{Z_n\}$ eine Markoff-Kette mit bedingten Dichten

$$(A1.18) \qquad f_{Z_n}(z_n|Z_{n-1} = z_{n-1}) = f_n(z_n - z_{n-1}), \quad z_n, z_{n-1} \in I\!R, n \geq 2.$$

Kann man die Dichten f_n und die Maße μ_n zusätzlich identisch für alle $n \in I\!N$ wählen, so ist die Markoff-Kette homogen.

Es ist nämlich $P^{Z_n} = \ast_{k=1}^{n} P^{X_k}$ (Faltung), also

$$(A1.19) \qquad h_n(z_1,\ldots,z_n) = f_1(z_1) \prod_{k=2}^{n} f_k(z_k - z_{k-1}) \quad (z_1,\ldots,z_n \in I\!R, n \in I\!N)$$

eine $\bigotimes_{k=1}^{n} \mu_k$ – Dichte von $(Z_1,\ldots,Z_n)$ (vgl. etwa Bauer (1974), §24).

Die in Beispiel A1.2 betrachteten Zufallsvariablen Z_n besitzen wegen

$$Z_{n+1} = Z_n + X_{n+1}, \quad n \in I\!N$$

eine rekursive Struktur der Form

$$(A1.20) \qquad Z_{n+1} = H_n(Z_n, X_{n+1}), \quad n \in I\!N,$$

wobei H_n meßbar und X_{n+1} von $(Z_1, \ldots, Z_n)$ unabhängig ist. Die folgenden Resultate zeigen, daß eine solche Struktur in gewisser Weise charakteristisch für Markoff-Ketten ist.

Lemma A1.3. Es seien $\{Z_n\}, \{X_n\}$ Folgen von Zufallsvariablen mit Werten in Meßräumen $(\mathcal{X}, \mathcal{B})$ bzw. $(\mathcal{Y}, \mathcal{C})$ und $H_n : (\mathcal{X} \times \mathcal{Y}, \mathcal{B} \otimes \mathcal{C}) \to (\mathcal{X}, \mathcal{B})$ meßbare Funktionen derart, daß die Darstellung

$$(A1.21) \qquad Z_{n+1} = H_n(Z_n, X_{n+1}), \qquad n \in I\!N$$

gelte und jeweils X_{n+1} unabhängig von $(Z_1, \ldots, Z_n)$ sei. Dann bildet $\{Z_n\}$ eine reguläre Markoff-Kette, und es ist

$$(A1.22) \qquad P(Z_{n+1} \in B | Z_n = z) = P(H_n(z, X_{n+1}) \in B), \quad z \in \mathcal{X}, B \in \mathcal{B}, n \in I\!N$$

eine geeignete Version der bedingten Verteilung von Z_{n+1} unter $Z_n = z$.

Beweis: Mit der Unabhängigkeitsannahme ergibt sich zunächst

$$(A1.23) \qquad P(Z_{n+1} \in B | Z_n, \ldots, Z_1) = P(H_n(Z_n, X_{n+1}) \in B | Z_n, \ldots, Z_1)$$

$$= P(H_n(Z_n, X_{n+1}) \in B | Z_n) \quad fast\ sicher \quad (B \in \mathcal{B})$$

und weiter für $B, C \in \mathcal{B}$

$$P(Z_{n+1} \in B, Z_n \in C) = P(H_n(Z_n, X_{n+1}) \in B, Z_n \in C)$$

$$= \int P(H_n(z, X_{n+1}) \in B, z \in C) P^{Z_n}(dz) = \int_C P(H_n(z, X_{n+1}) \in B) P^{Z_n}(dz),$$

woraus (A1.22) unmittelbar folgt.

Man beachte, daß in Lemma A1.3 nicht vorausgesetzt wird, daß die Folge $\{X_n\}$ selbst unabhängig ist (eine solche Situation tritt z.B. auf, wenn Markoff-Ketten durch Stoppzeiten gewonnen werden; s.u.). Allerdings sind die Voraussetzungen von Lemma A1.3 erfüllt, wenn die Folge $\{Z_1, X_2, X_3, \ldots\}$ unabhängig ist, da nach (A1.21) jedes Z_n eine Funktion lediglich der Zufallsvariablen $Z_1, X_2, \ldots, X_n$ ist, wie man etwa mittels vollständiger Induktion sofort sieht. Unter der (restriktiveren) Unabhängigkeitsannahme ist also insbesondere X_{n+1} unabhängig von $(Z_1, \ldots, Z_n)$ für alle $n \in I\!N$.

Beispiel A1.3. Es sei $\{X_n\}$ eine unabhängige Folge reeller Zufallsvariablen und $Z_n = \max(X_1, \ldots, X_n)$, $n \in I\!N$. Dann ist nach Lemma A1.3 $\{Z_n\}$ eine Markoff-Kette mit

$$(A1.24) \qquad P(Z_{n+1} \leq y | Z_n = z) = P(\max(X_{n+1}, z) \leq y) = P(X_{n+1} \leq y) I(y \geq z)$$

$(y, z \in I\!R)$ als möglicher Wahl für die (regulären) bedingten Verteilungsfunktionen.

Man beachte, daß $(Z_1, \ldots, Z_n)$ i.a. keine (λ^n-)Dichte besitzt, auch wenn die Z_i eine (λ^1-)Dichte besitzen (da etwa $P(Z_1 = Z_2) = P(X_2 \leq X_1) > 0$ sein kann!), also Lemma A1.2 hier nicht anwendbar ist.

Eine gewisse Umkehrung des vorigen Lemmas A1.3 enthält der nachfolgende Satz A1.1, zu dessen Vorbereitung allerdings noch die folgende Verallgemeinerung des ersten Teils von Lemma 1.2 nötig ist.

Lemma A1.4. Es sei X eine reelle Zufallsvariable mit Verteilungsfunktion F und W eine weitere, von X unabhängige, $\mathcal{R}(0, 1)$-verteilte Zufallsvariable. Ferner bezeichne

$$(A1.25) \qquad F_-(x) = P(X < x), \qquad x \in I\!R$$

die linksseitig-stetige Version der Verteilungsfunktion von X. Dann gilt:

$$(A1.26) \qquad V = WF(X) + (1 - W)F_-(X)$$

ist ebenfalls $\mathcal{R}(0, 1)$-verteilt.

Beweis: Sei zunächst X diskret mit Werten in der (abzählbaren) Menge $\mathcal{X} = \{x_1, x_2, \ldots\}$. Für Borel-Mengen $B \in \mathcal{B}^1$ gilt dann

$$(A1.27) \qquad P(V \in B) = \sum_{k=1}^{\infty} P(F_-(x_k) + W(F(x_k) - F_-(x_k)) \in B | X = x_k) P(X = x_k)$$

$$= \sum_{k=1}^{\infty} \frac{\lambda^1(B \cap (F_-(x_k), F(x_k)])}{\lambda^1((F_-(x_k), F(x_k)])}(F(x_k) - F_-(x_k))$$

$$= \sum_{k=1}^{\infty} \lambda^1(B \cap (F_-(x_k), F(x_k)]) = \lambda^1(B \cap (0, 1)) = \mathcal{R}(0, 1)(B).$$

Sei nun X beliebig verteilt, $\mathcal{X}$ die Menge der Unstetigkeitsstellen von F (Atome von P^X), $C = \bigcup_{x \in \mathcal{X}}(F_-(x), F(x)]$ $(\in \mathcal{B}^1)$. Die obige Rechnung zeigt, daß dann für $B \in \mathcal{B}^1$

$$(A1.28) \qquad P(V \in B, X \in \mathcal{X}) = \lambda^1(B \cap C) = \mathcal{R}(0,1)(B \cap C)$$

gilt sowie wegen $F_-(x) = F(x)$, $x \in \mathcal{X}^c$ (Komplement von $\mathcal{X}$)

$$(A1.29) \qquad P(V \in B, X \in \mathcal{X}^c) = P(F(X) \in B, X \in \mathcal{X}^c) = \mathcal{R}(0,1)(B \backslash C)$$

analog zum Beweis von Lemma 1.2. Durch Summation der beiden letzten Gleichungen erhält man nun das gewünschte Ergebnis.

Satz A1.1. Es sei $\{Z_n\}$ eine reelle reguläre Markoff-Kette auf $(\Omega, \mathcal{A}, P)$ mit bedingten Verteilungsfunktionen $F_n(y|z) = P(Z_n \leq y | Z_{n-1} = z)$, $y, z \in \mathbb{R}, n \geq 2$. Dann existiert (gegebenenfalls nach Vergrößerung des Wahrscheinlichkeitsraumes) eine unabhängige Folge $\{V_n\}$ $\mathcal{R}(0,1)$-verteilter Zufallsvariablen, unabhängig von Z_1, so daß

$$(A1.30) \qquad Z_{n+1} = F_{n+1}^{-1}(V_{n+1}|Z_n) \quad fast \ sicher \quad (n \in \mathbb{N})$$

gilt. Eine mögliche Wahl für $\{V_n\}$ ist dabei

$$(A1.31) \qquad V_n = W_n F_n(Z_n|Z_{n-1}) + (1 - W_n)F_{n,-}(Z_n|Z_{n-1}), \quad n \geq 2$$

für (irgend)eine unabhängige Folge $\{W_n\}$ $\mathcal{R}(0,1)$-verteilter Zufallsvariablen auf $(\Omega, \mathcal{A}, P)$, unabhängig von $\{Z_n\}$.

Beweis: Für beliebige $z_1, \ldots, z_n \in \mathbb{R}$ ist nach Lemma A1.4

$$(A1.32) \qquad V_{n+1}^* = W_{n+1}F_{n+1}(Z_{n+1}|Z_n = z_n, \ldots, Z_1 = z_1)$$

$$+ (1 - W_{n+1})F_{n+1,-}(Z_{n+1}|Z_n = z_n, \ldots, Z_1 = z_1)$$

für jedes $n \in \mathbb{N}$ $\mathcal{R}(0,1)$-verteilt, unabhängig von $z_1, \ldots, z_n$. Somit ist wegen der Markoff-Eigenschaft von $\{Z_n\}$ auch V_{n+1} $\mathcal{R}(0,1)$-verteilt und unabhängig von $(Z_1, \ldots, Z_n)$ für alle $n \in \mathbb{N}$. Wegen

$$(A1.33) \qquad F_{n+1,-}(Z_{n+1}|Z_n) < V_{n+1} \leq F_{n+1}(Z_{n+1}|Z_n) \quad fast \ sicher$$

für alle $n \in I\!N$ gilt nun aufgrund der Definition der Pseudo-Inversen (Definiton 1.2) auch

$$(A1.34) \qquad Z_{n+1} = F_{n+1}^{-1}(V_{n+1}|Z_n) \quad fast\ sicher;$$

insbesondere ist also fast sicher jedes Z_n Funktion nur von $Z_1, V_2, \ldots, V_n$ für alle $n \in I\!N$ und daher mit dem vorher gezeigten V_{n+1} auch von $Z_1, V_2, \ldots, V_n$ für alle $n \in I\!N$ unabhängig, also die Folge $\{Z_1, V_2, V_3, \ldots\}$ selbst unabhängig wie behauptet.

Hiermit ergibt sich die Aussage des Satzes, sofern eine von $\{Z_n\}$ unabhängige Folge $\{W_n\}$ $\mathcal{R}(0,1)$-verteilter Zufallsvariablen auf $(\Omega, \mathcal{A}, P)$ existiert, was aber durch geeignete Vergrößerung des Wahrscheinlichkeitsraumes durch Produktbildung stets erreicht werden kann.

Bemerkenswert an der Aussage des Satzes A1.1 ist die Tatsache, daß für (reelle) Markoff-Ketten eine rekursive Struktur der Art (A1.21) stets mit einer Folge $\{Z_1, X_2, X_3, \ldots\}$ *unabhängiger* Zufallsvariablen (zumindest fast sicher) erreicht werden kann, auch wenn ursprünglich zur Darstellung der Markoff-Kette nicht vollständig unabhängige Zufallsvariablen verwendet wurden (vgl. die Bemerkungen im Anschluß an Lemma A1.3).

Im folgenden soll nun gezeigt werden, wie aus unabhängigen Folgen von Zufallsvariablen durch Verwendung geeigneter Stoppzeiten in natürlicher Weise Markoff-Ketten erzeugt werden können.

<u>**Definition A1.2.**</u> Es sei $\{X_n\}$ eine (beliebige) Folge von Zufallsvariablen mit Werten in einem Meßraum $(\mathcal{X}, \mathcal{B})$. Eine Zufallsvariable T mit Werten in $I\!N$ heißt Stoppzeit bezgl. $\{X_n\}$, wenn es zu jedem $n \in I\!N$ eine Menge $A_n \in \mathcal{B}^{(n)} = \bigotimes_{i=1}^{n} \mathcal{B}$ gibt derart, daß

$$(A1.35) \qquad \{T = n\} = \{(X_1, \ldots, X_n) \in A_n\}$$

gilt.

Die Bedingung (A1.35) besagt also in anderer Form, daß das Ereignis $\{T = n\}$ meßbar bzgl. der von $X_1, \ldots, X_n$ erzeugten σ-Algebra ist. Insbesondere ist die durch

$$(A1.36) \qquad (X_T)(\omega) = X_{T(\omega)}(\omega), \quad \omega \in \Omega$$

definierte Zufallsvariable meßbar wegen

$$(A1.37) \qquad \{X_T \in B\} = \bigcup_{n=1}^{\infty} \{(X_1, \ldots, X_n) \in A_n, X_n \in B\} \quad (B \in \mathcal{B})$$

mit den Mengen A_n aus Definition A1.2.

Natürlich lassen sich auch allgemeiner Stoppzeiten für Folgen $\{X_i | i \in I\}$ mit anderen (abzählbaren, geordneten) Indexmengen I definieren; hierbei hat man lediglich eine geeignete Bijektion von $I\!N$ auf I zu betrachten.

__Satz A1.2.__ Es sei unter den Voraussetzungen von Definition A1.2 $\{X_n\}$ eine unabhängige Folge mit Verteilung $P^{X_n} = Q$ für alle $n \in I\!N$. Dann gilt:

   a) $\{T = n\}$ und $\{X_{n+1}, X_{n+2}, \ldots\}$ sind unabhängig für alle $n \in I\!N$

   b) $\{X_{T+n}\}$ ist unabhängig und identisch verteilt mit Verteilung Q

   c) (T, X_T) und $\{X_{T+n}\}$ sind unabhängig.

__Beweis:__ Für $m, n \in I\!N$ und $B_0, \ldots, B_m \in \mathcal{B}$ gilt

$$(A1.38) \qquad P(\{T = n\} \cap \bigcap_{k=1}^{m} \{X_{n+k} \in B_k\}) = P((X_1, \ldots, X_{n+m}) \in A_n \times \underset{k=1}{\overset{m}{\times}} B_k)$$

$$= P((X_1, \ldots, X_n) \in A_n) P((X_{n+1}, \ldots, X_{n+m}) \in \underset{k=1}{\overset{m}{\times}} B_k) = P(T = n) \prod_{k=1}^{m} Q(B_k),$$

wobei wieder A_n die die Stoppeigenschaft definierende Menge aus (A1.35) sei. Hieraus folgt a). Ferner ist

$$(A1.39) \qquad P(\{T = n, X_T \in B_0\} \cap \bigcap_{k=1}^{m} \{X_{T+k} \in B_k\})$$

$$= P((X_1, \ldots, X_{n+m}) \in (A_n \cap (\mathcal{X}^{n-1} \times B_0)) \times \underset{k=1}{\overset{m}{\times}} B_k)$$

$$= P((X_1, \ldots, X_n) \in A_n \cap (\mathcal{X}^{n-1} \times B_0)) \prod_{k=1}^{m} Q(B_k)$$

$$= P(T = n, X_T \in B_0) \prod_{k=1}^{m} Q(B_k),$$

was c) und b) ergibt (letzteres mit $B_0 = \mathcal{X}$ und Summation über alle $n \in I\!N$).

In gewissen Situationen kann es erforderlich sein, Stoppzeiten auch noch für den Fall $n = \infty$ zu betrachten, etwa vermöge

$$(A1.40) \qquad \{T = \infty\} = \{(X_1, X_2, \ldots) \in A_\infty\}$$

mit

$$(A1.41) \qquad A_\infty = (\bigcup_{n=1}^{\infty} A_n \times \bigtimes_{k>n} \mathcal{X})^c.$$

Die Aussage des Satzes A1.2 bleibt dann erhalten, wenn T fast sicher endlich ist, d.h. $P(T < \infty) = 1$ bzw. $P(T = \infty) = 0$ gilt. Man hat dabei lediglich formal eine Zufallsvariable X_∞ zu definieren, die nicht im Wertebereich der Folge $\{X_n\}$ liegt (typischerweise etwa im reellen Fall $X_\infty = \infty$ o.ä.); entsprechend ist dann auf der Menge $\{T = \infty\}$ auch $X_{T+n} = X_\infty$ zu setzen für alle $n \geq 0$.

Satz A1.3. Unter den Voraussetzungen von Satz A1.2 sei T eine Stoppzeit bezgl. der Folge $\{X_n\}$ und $S \in I\!N$ eine Stoppzeit bezgl. der Folge $\{X_T, X_{T+1}, X_{T+2}, \ldots\}$ mit einer die Stoppeigenschaft im Sinne von (A1.35) definierenden Mengenfolge $\{B_n | n \in I\!N\}$, d.h. $\{S = n\} = \{(X_T, \ldots, X_{T+n}) \in B_n\}$, $n \in I\!N$. Dann gilt:

a) $T + S$ ist Stoppzeit bezgl. $\{X_n\}$

b) $\{X_{T+S+1}, X_{T+S+2}, \ldots\}$ ist unabhängig von (T, X_T) und identisch verteilt mit Verteilung Q

c) S und T sind bedingt unabhängig unter X_T, d.h. es gilt

$$P(T = n, S = k | X_T) = P(T = n | X_T) P(S = k | X_T) \quad fast\ sicher \quad (k, n \in I\!N),$$

wobei

$$(A1.42) \qquad P(T = n | X_T = x) = \frac{P((X_1, \ldots, X_{n-1}, x) \in A_n)}{\sum_{j=1}^{\infty} P((X_1, \ldots, X_{j-1}, x) \in A_j)}$$

$$(A1.43) \qquad P(S = k | X_T = x) = P((x, X_1, \ldots, X_k) \in B_k) \quad (k, n \in I\!N, x \in \mathcal{X})$$

reguläre Versionen der bedingten Verteilungen von T bzw. S unter $X_T = x$ bilden, sofern der Nenner in (A1.42) nicht verschwindet (in diesem Fall ist die bedingte Verteilung im Sinne von Lemma A1.1 geeignet zu definieren).

d) $P(S = k|T, X_T) = P(S = k|X_T)$ *fast sicher,* $k \in I\!N$.

e) $P(S = k, X_{T+S} \in C|T = n, X_T = x) = P((x, X_1, \ldots, X_k) \in B_k, X_k \in C)$

$$= P(S = k, X_{T+S} \in C|X_T = x)$$

bzw.

$$P(T + S = m, X_{T+S} \in C|T = n, X_T = x) = P(S = m - n, X_{T+S} \in C|X_T = x)$$

und

$$P(X_{T+S} \in C|X_T = x)$$

$$= \sum_{k=1}^{\infty} P((x, X_1, \ldots, X_k) \in B_k, X_k \in C) \quad (k, n, m \in I\!N, m > n, C \in \mathcal{B}, x \in \mathcal{X}).$$

f) $P(T = n, S = k|X_T, X_{T+S}) = P(T = n|X_T)P(S = k|X_T, X_{T+S})$ mit

$$P(S = k|X_T = x, X_{T+S} = y)$$

$$= \frac{P((x, X_1, \ldots, X_{k-1}, y) \in B_k)}{\sum_{j=1}^{\infty} P((x, X_1, \ldots, X_{j-1}, y) \in B_j)} \quad (k, n \in I\!N, x, y \in \mathcal{X}).$$

<u>Beweis:</u>

a) Es ist für alle $n \in I\!N, n \geq 2$

$$(A1.44) \qquad P(T + S = n) = P(\bigcup_{k=1}^{n-1} \{T = k, S = n - k\})$$

$$= P(\bigcup_{k=1}^{n-1} \{(X_1, \ldots, X_k) \in A_k, (X_k, \ldots, X_n) \in B_{n-k}\}) = P((X_1, \ldots, X_n) \in C_n)$$

mit

$$(A1.45) \qquad C_n = \bigcup_{k=1}^{n-1} \{(A_k \times \mathcal{X}^{n-k}) \cap (\mathcal{X}^{k-1} \times B_{n-k})\},$$

also $T + S$ Stoppzeit im Sinne von Definition A1.2.

b) Es ist für $n, m \in I\!N, B \in \mathcal{B}, C_m \in \mathcal{B}^{(m)}$ aufgrund von Satz A1.2 b) und c)

$$(A1.46) \qquad P(T = n, X_T \in B, (X_{T+S+1}, \ldots, X_{T+S+m}) \in C_m)$$

$$= \sum_{k=1}^{\infty} P(T = n, X_T \in B, (X_T, \ldots, X_{T+k}) \in B_k, (X_{T+k+1}, \ldots, X_{T+k+m}) \in C_m)$$

$$= \sum_{k=1}^{\infty} P(T = n, X_T \in B, S = k)P((X_{T+k+1}, \ldots, X_{T+k+m}) \in C_m)$$

$$= P(T = n, X_T \in B)(\bigotimes_{i=1}^{m} Q)(C_m),$$

woraus die Behauptung folgt.

c) Es ist für $n \in I\!N, B \in \mathcal{B}$

$$(A1.47) \qquad P(T = n, X_T \in B) = P((X_1, \ldots, X_n) \in A_n, X_n \in B)$$

$$= \int P((X_1, \ldots, X_{n-1}, x) \in A_n, x \in B)P^{X_n}(dx)$$

$$= \int_B P((X_1, \ldots, X_{n-1}, x) \in A_n)Q(dx),$$

also

$$(A1.48) \qquad h(n, x) = P((X_1, \ldots, X_{n-1}, x) \in A_n) \qquad (n \in I\!N, x \in \mathcal{X})$$

eine $\mu \otimes Q$-Dichte von (T, X_T) mit $\mu = \sum_{k=1}^{\infty} \epsilon_k$. Mit Lemma A1.1 ergibt sich hieraus

$$(A1.49) \qquad P(T = n | X_T = x) = \frac{h(n, x)}{\sum_{j=1}^{\infty} h(j, x)}, \quad n \in I\!N, x \in \mathcal{X}.$$

Dies ist (A1.42). Analog ist für $k \in I\!N, B \in \mathcal{B}$

$$(A1.50) \qquad\qquad P(S = k, X_T \in B)$$

$$= \sum_{n=1}^{\infty} P((X_1, \ldots, X_n) \in A_n, X_n \in B, (X_n, \ldots, X_{n+k}) \in B_k)$$

$$= \int_B \sum_{n=1}^{\infty} h(n, x)P((x, X_{n+1}, \ldots, X_{n+k}) \in B_k)P^{X_n}(dx)$$

$$= \int_B \sum_{n=1}^{\infty} h(n, x)P((x, X_1, \ldots, X_k) \in B_k)Q(dx)$$

$$= \int_B P((x, X_1, \ldots, X_k) \in B_k)P^{X_T}(dx)$$

nach (A1.47), so daß

$$(A1.51) \quad P(S = k | X_T = x) = P((x, X_1, \ldots, X_k) \in B_k) \quad (=: g(k, x)) \quad (x \in \mathcal{X})$$

folgt. Analog ergibt sich

$$(A1.52) \qquad P(T = n, S = k, X_T \in B)$$

$$= P((X_1, \ldots, X_n) \in A_n, X_n \in B, (X_n, \ldots, X_{n+k}) \in B_k)$$

$$= \int_B P((X_1, \ldots, X_{n-1}, x) \in A_n, (x, X_{n+1}, \ldots, X_{n+k}) \in B_k) P^{X_n}(dx)$$

$$= \int_B h(n, x) g(k, x) Q(dx),$$

d.h. $h(n, x) g(k, x)$ ist eine $\mu \otimes \mu \otimes Q$-Dichte von (T, S, X_T) und damit

$$(A1.53) \qquad P(T = n, S = k | X_T = x) = \frac{h(n, x)}{\sum_{j=1}^{\infty} h(j, x)} g(k, x).$$

Ein Vergleich von (A1.53) mit (A1.49) und (A1.51) liefert nun das gewünschte Ergebnis.

d) Aus (A1.52) folgt weiter, daß $g(k, x)$ eine Q-Dichte von S unter $T = n, X_T = x$ ist, und zwar unabhängig von n. Dies liefert das gewünschte Ergebnis.

e) Für $k, n \in I\!N, B, C \in \mathcal{B}$ gilt in Erweiterung von (A1.47) und (A1.52)

$$(A1.54) \qquad P(T = n, X_T \in B, S = k, X_{T+S} \in C)$$

$$= P((X_1, \ldots, X_n) \in A_n, X_n \in B, (X_n, \ldots, X_{n+k}) \in B_k, X_{n+k} \in C)$$

$$= \int_B h(n, x) P((x, X_{n+1}, \ldots, X_{n+k}) \in B_k, X_{n+k} \in C) Q(dx).$$

Mit (A1.48) und der identischen Verteilung der $\{X_n\}$ ergibt sich nun der erste Teil der Behauptung. Der zweite Teil folgt unmittelbar durch Summation über k.

f) Aus (A1.54) folgt ferner mit $f(k, x, y) = P((x, X_1, \ldots, X_{k-1}, y) \in B_k)$

$$(A1.55) \qquad P(T = n, S = k, X_T \in B, X_{T+S} \in C)$$

$$= \int_B \int_C h(n, x) f(k, x, y) Q \otimes Q(dx, dy) \quad (k, n \in I\!N, x, y \in \mathcal{X}),$$

d.h. $h(n,x)f(k,x,y)$ ist eine $\mu \otimes \mu \otimes Q \otimes Q$–Dichte von (T, S, X_T, X_{T+S}). Die Behauptung ergibt sich daher durch Division nach Summation über n und k aufgrund von Lemma A1.1.

Man beachte, daß für die bedingte Verteilung von S unter $X_T = x$ gegebenenfalls $P(S = \infty | X_T = x) > 0$ möglich ist (nämlich wenn $\sum_{k=1}^{\infty} g(k,x) < 1$ ist). Allerdings ist wegen $P(S < \infty) = 1$ auch $\sum_{k=1}^{\infty} g(k,x) = 1$ (Q–)fast sicher.

Definition A1.3. Es sei $\{X_n\}$ eine Folge von Zufallsvariablen mit Werten in einem Meßraum $(\mathcal{X}, \mathcal{B})$ und $\{T_n\}$ eine (im endlichen streng monotone) Folge von Stoppzeiten bezgl. $\{X_n\}$ derart, daß :

T_1 ist Stoppzeit bezgl. $\{X_n\}$

$T_{k+1} - T_k$ ist Stoppzeit bezgl. $\{X_{T_k}, X_{T_k+1}, \ldots\}$, $\quad k \in I\!N.$ *)

Dann heißt die Folge $\{T_n\}$ Markoff-verträglich.

Satz A1.4. Es sei $\{X_n\}$ eine unabhängige, identisch verteilte Folge von Zufallsvariablen mit Werten in einem Meßraum $(\mathcal{X}, \mathcal{B})$ und $\{T_k\}$ eine Markoff-verträgliche Folge fast sicher endlicher Stoppzeiten. Dann gilt:

a) $\{X_{T_k}\}$ und $\{(T_k, X_{T_k})\}$ bilden jeweils eine Markoff-Kette mit Übergangswahrscheinlichkeiten wie in Satz A1.3 e). Sind die die Stoppeigenschaften der $T_{k+1} - T_k$ definierenden Mengen der Art (A1.35) darüberhinaus unabhängig von k, so sind die Markoff-Ketten homogen.

b) Die Stoppzeiten $\{T_1, T_{k+1} - T_k | k \leq n\}$ sind bedingt unabhängig unter $X_{T_1}, \ldots, X_{T_{n+1}}$ mit

$$(A1.56) \qquad P(\{T_1 = j_1\} \cap \bigcap_{k=1}^{n} \{T_{k+1} - T_k = j_k\} | X_{T_1}, \ldots, X_{T_{n+1}})$$

$$= P(T_1 = j_1 | X_{T_1}) \prod_{k=1}^{n} P(T_{k+1} - T_k = j_k | X_{T_k}, X_{T_{k+1}}) \quad (j_1, \ldots, j_n \in I\!N)$$

---

*) d.h. $\{T_{k+1} - T_k = n\} = \{(X_{T_k}, X_{T_k+1}, \ldots, X_{T_k+n}) \in A_n\}$ für geeignete Mengen A_n; $\quad n \in I\!N$

und bedingten Wahrscheinlichkeiten wie in Satz A1.3 f).

Beweis: O.B.d.A. können wir uns auf endliche Stoppzeiten beschränken. Nach (A1.35) existiert dann zu jedem $k \in I\!N$ eine meßbare Abbildung H_{k+1} derart, daß

$$(A1.57) \qquad X_{T_{k+1}} = H_{k+1}(X_{T_k}, X_{T_k+1}, X_{T_k+2}, \ldots)$$

gilt, wobei $\{X_{T_k+j} | j \in I\!N\}$ nach Satz A1.2 unabhängig und identisch wie die gegebene Folge $\{X_n\}$ verteilt und auch unabhängig von X_{T_k} ist. In Analogie zu Satz A1.3 b) läßt sich zeigen, daß die Folge $\{X_{T_k+j} | j \in I\!N\}$ sogar auch von $\{(T_i, X_{T_i}) | i \leq k\}$ unabhängig ist.

Entsprechendes gilt für die Doppelfolge $\{(T_k, X_{T_k})\}$.

Nach Lemma A1.3 ergibt sich damit die Markoff-Eigenschaft dieser Folgen sowie deren Homogenität unter der angegebenen Zusatzbedingung, da in diesem Fall die Abbildungen H_{k+1} nicht von k abhängen.

Die bedingte Unabhängigkeit der $\{T_1, T_{k+1} - T_k\}$ ergibt sich analog zu Satz A1.3 f) durch eine entsprechende Erweiterung der Beziehung (A1.54).

Man beachte, daß die in (A1.57) verwendeten Zufallsvariablen $Z_k = (X_{T_k+j} | j \in I\!N)$, $k \in I\!N$ i.a. *nicht* unabhängig sind.

Man kann zeigen, daß die Markoff-Eigenschaft der Folgen $\{X_{T_k}\}$ und $\{(T_k, X_{T_k})\}$ sowie die bedingte Unabhängigkeit der $\{T_1, T_{k+1} - T_k\}$ auch dann noch erhalten bleiben, wenn die zugrundeliegenden Zufallsvariablen $\{X_n\}$ selbst allgemeiner eine homogene Markoffkette bilden (vgl. z.B. Pfeifer (1984b)).

Beispiel A1.4. Unter den Voraussetzungen von Satz A1.4 sei Q die Verteilung der $\{X_n\}$ und $\{D_k\} \subseteq \mathcal{B}$ eine Familie von Mengen mit $0 < Q(D_k) < 1, k \in I\!N$. Ferner sei

$$(A1.58) \qquad T_1 = \inf\{n \in I\!N | X_n \in D_1\}$$

$$T_{k+1} = \inf\{n > T_k | X_n \in D_{k+1}\}, \quad k \in I\!N.$$

Dann ist $\{T_k\}$ Markoff-verträglich, denn es ist

$$(A1.59) \qquad \{T_1 = n\} = \bigcap_{i=1}^{n-1} \{X_i \notin D_1\} \cap \{X_n \in D_1\}$$

$$\{T_{k+1} - T_k = n\} = \bigcap_{i=1}^{n-1} \{X_{T_k+i} \notin D_{k+1}\} \cap \{X_{T_k+n} \in D_{k+1}\}, \quad k, n \in I\!N.$$

Nach Satz A1.4 sind also $\{X_{T_k}\}$ und $\{(T_k, X_{T_k})\}$ Markoff-Ketten mit

$$(A1.60) \qquad P(X_{T_{k+1}} \in C | X_{T_k} = x)$$

$$= \sum_{j=1}^{\infty} P((x, X_1, \ldots, X_j) \in \mathcal{X} \times \underset{i=1}{\overset{j-1}{\times}} D_{k+1}^c \times (D_{k+1} \cap C))$$

$$= \sum_{j=1}^{\infty} (1 - Q(D_{k+1}))^{j-1} Q(D_{k+1} \cap C) = \frac{Q(D_{k+1} \cap C)}{Q(D_{k+1})}$$

$$= Q(C | D_{k+1}) = P(X_{T_{k+1}} \in C) \quad (k \in I\!N, C \in \mathcal{B}, x \in \mathcal{X}),$$

unabhängig von x, d.h. $\{X_{T_k}\}$ ist selbst unabhängige Folge mit $P^{X_{T_k}} = Q(\cdot | D_k), k \in I\!N$. Analog ergibt sich für $1 \leq n < m, C \in \mathcal{B}, x \in \mathcal{X}$

$$(A1.61) \qquad P(T_{k+1} = m, X_{T_{k+1}} \in C | T_k = n, X_{T_k} = x)$$

$$= (1 - Q(D_{k+1}))^{m-n-1} Q(D_{k+1}) Q(C | D_{k+1}) = P(T_{k+1} = m | T_k = n) P(X_{T_{k+1}} \in C),$$

unabhängig von x, d.h. T_{k+1} und $X_{T_{k+1}}$ sind bedingt unabhängig unter (T_k, X_{T_k}) bzw. T_k; hieraus folgt auch, daß $\{T_k\}$ eine Markoff-Kette mit unabhängigen, geometrisch verteilten Zuwächsen bildet (dies ergibt sich z.B. aus (A1.59)) mit

$$(A1.62) \qquad P(T_1 = n) = (1 - Q(D_1))^{n-1} Q(D_1)$$

$$P(T_{k+1} - T_k = n) = (1 - Q(D_{k+1}))^{n-1} Q(D_{k+1}) \quad (n, k \in I\!N).$$

Anschaulich besagt Beispiel A1.4 also, daß die gegebene Folge der Beobachtungen immer dann (und zwar zum k-ten Mal) gestoppt wird, wenn ein Wert in der Menge D_k beobachtet wird. Die derart gestoppte Folge realisiert dann die (elementare) bedingte Verteilung $Q(\cdot | D_k)$, wobei die gestoppten Werte unabhängig voneinander sind. Die Wartezeiten $T_{k+1} - T_k$ sind ebenfalls unabhängig (auch von den gestoppten Werten) und jeweils (mit unterschiedlichen, durch $Q(D_{k+1})$ gegebenen Parametern) geometrisch verteilt.

Das folgende Resultat zeigt, daß sich eine ähnliche Struktur ergibt, wenn die obigen Mengen D_k in gewisser Weise von den X_{T_k} abhängen dürfen.

Lemma A1.5. Unter den Voraussetzungen von Satz A1.4 sei Q die Verteilung der $\{X_n\}$ und $\{D(x)|x \in \mathcal{X}\} \subseteq \mathcal{B}$ eine Familie von Mengen mit $0 < Q(D(x)) < 1$ für Q-fast alle $x \in \mathcal{X}$. Ferner sei

$$(A1.63) \qquad T_1 = 1, \quad T_{k+1} = \inf\{n > T_k | X_n \in D(X_{T_k})\}, \quad k \in I\!N.$$

Dann ist $\{T_k\}$ Markoff-verträglich, und $\{X_{T_k}\}$ und $\{(T_k, X_{T_k})\}$ sind homogene Markoff-Ketten mit Übergangswahrscheinlichkeiten

$$(A1.64) \qquad P(X_{T_{k+1}} \in C | X_{T_k} = x) = Q(C|D(x)) \quad Q - fast\ sicher$$

$$(A1.65) \quad P(T_{k+1} = m, X_{T_{k+1}} \in C | T_k = n, X_{T_k} = x) = (1 - Q(D(x))^{m-n-1} Q(C \cap D(x))$$

$$= (1 - Q(D(x))^{m-n-1} Q(D(x)) Q(C|D(x))$$

$$= P(T_{k+1} = m | T_k = n, X_{T_k} = x) P(X_{T_{k+1}} \in C | X_{T_k} = x) \quad Q - fast\ sicher$$

$(k, n, m \in I\!N, m > n, C \in \mathcal{B}, x \in \mathcal{X})$. Ferner sind $\{T_{k+1} - T_k | 1 \leq k \leq n\}$ bedingt unabhängig unter $\{X_{T_k} | 1 \leq k \leq n + 1\}$ mit

$$(A1.66) \qquad P(\bigcap_{k=1}^{n} \{T_{k+1} - T_k = j_k\} | X_{T_1} = x_1, \ldots, X_{T_{n+1}} = x_{n+1})$$

$$= \prod_{k=1}^{n} P(T_{k+1} - T_k = j_k | X_{T_k} = x_k) = \prod_{k=1}^{n} (1 - Q(D(x_k))^{j_k - 1} Q(D(x_k))$$

$(n \in I\!N, j_1, \ldots, j_n \in I\!N, x_1, \ldots, x_{n+1} \in \mathcal{X})$.

Beweis: Analog zu Beispiel A1.4. Dabei ist in (A1.59) D_1 durch $\mathcal{X}$ und D_{k+1} durch $D(T_k)$ zu ersetzen sowie in (A1.60) jeweils D_{k+1} durch $D(x)$; entsprechend für (A1.61). Insbesondere sind also $T_{k+1} - T_k$ und $X_{T_{k+1}}$ bedingt unabhängig unter X_{T_k}, so daß $X_{T_{k+1}}$ als bedingende Variable in (A1.56) entfällt.

__Definition A1.4.__ Eine Familie $\{Z(t)|t \geq 0\}$ von Zufallsvariablen auf einem Wahrscheinlichkeitsraum $(\Omega, \mathcal{A}, P)$ mit Werten in einem Meßraum $(\mathcal{X}, \mathcal{B})$ heißt (regulärer) Markoff-Prozeß , wenn für alle monotonen Folgen $\{t_n\} \subseteq I\!\!R^+$ $\{Z(t_n)\}$ eine (reguläre) Markoff-Kette ist. Der Markoff-Prozeß heißt (zeitlich) homogen, wenn zusätzlich für alle Folgen $\{t_n\} \subseteq I\!\!R^+$ mit Gitterstruktur (d.h. $t_{n+1} - t_n = const > 0, n \in I\!\!N$) die Markoff-Kette $\{Z(t_n)\}$ homogen ist.

Der Markoff-Prozeß $\{Z(t)|t \geq 0\}$ heißt reiner Sprungprozeß, wenn jede Realisation $\{Z(t;\omega)|t \geq 0\}$ eine rechtsseitig stetige Treppenfunktion ist, d.h.

$$(A1.67) \qquad Z(t;\omega) = \sum_{k=1}^{\infty} Z_{k-1}(\omega)\, I(T_{k-1}(\omega) \leq t < T_k(\omega)) \quad (\omega \in \Omega)$$

gilt mit geeigneten Zufallsvariablen $\{Z_k, T_k\}$ mit $T_0 = 0$ und $0 < T_1 < T_2 < \ldots$ fast sicher. Sind die $Z_k(\omega)$ paarweise verschieden, nennt mann die $\{T_k\}$ auch "echte" Sprungzeiten des Markoff-Prozesses.

__Bemerkung:__ Markoff-Prozesse mit anderen "Zeitbereichen" als $[0, \infty)$ für t lassen sich natürlich analog definieren. Gebräuchlich sind dabei vor allem unendliche Teilintervalle, etwa $[a, \infty)$ mit beliebigem $a \in I\!\!R$.

Man beachte, daß die Zufallsvariablen $\{Z_k\}$ in (A1.67) nicht unterschiedlich zu sein brauchen, so daß ggf. nur endlich viele (echte) Sprungzeiten $\{T_k\}$ existieren (vgl. das nachfolgende Beispiel).

__Beispiel A1.5__ (Bernoulli-Prozeß)

Es sei $T > 0$ eine Zufallsvariable und

$$(A1.68) \qquad Z(t) = I(T \leq t), \quad t \geq 0.$$

Dann ist $\{Z(t)|t \geq 0\}$ ein Markoff-Prozeß. Dieser ist genau dann homogen, wenn T $\mathcal{E}(\lambda)$-exponentialverteilt ist $(\lambda > 0)$.

Dies folgt aus der Form der (einzig nicht-trivialen) bedingten Wahrscheinlichkeit

$$(A1.69) \qquad P(Z(t_n) = 1 | Z(t_{n-1}) = \ldots = Z(t_1) = 0) =$$

$$\frac{P(Z(t_1) = \ldots = Z(t_{n-1}) = 0, Z(t_n) = 1)}{P(Z(t_1) = \ldots = Z(t_{n-1}) = 0)}$$

$$= \frac{P(t_{n-1} < T \le t_n)}{P(t_{n-1} < T)} = P(T \le t_n | T > t_{n-1})$$

für alle $0 \le t_1 < t_2 \ldots < t_n, n \in I\!N$ (sofern der Nenner nicht verschwindet).

Die Homogenitätsbedingung ist dabei gleichbedeutend damit, daß die bedingten Wahrscheinlichkeiten $P(T \le t + h | T > t)$ für alle $t, h \ge 0$ unabhängig von t sind, was die Gedächtnislosigkeit der Verteilung impliziert und somit äquivalent zum Vorliegen einer Exponentialverteilung für T ist.

Bemerkung: Der homogene Bernoulli-Prozeß kann also als Modell für den radioaktiven Zerfall eines (einzelnen) Atoms angesehen werden; vgl. hierzu auch Beispiel (0.1).

Satz A1.5. Ein regulärer homogener Markoff'scher Sprungprozeß $\{Z(t)|t \ge 0\}$ mit (echten) Sprungzeiten $\{T_k\}$ besitzt (genau) die folgende Struktur:

a) $T_k - T_{k-1}$ und $Z(T_k)$ sind bedingt unabhängig unter $Z(T_{k-1})$ für alle $k \in I\!N$

b) Es existiert eine meßbare Abbildung $\lambda(\cdot) : (\mathcal{X}, \mathcal{B}) \to ((0, \infty), (0, \infty) \cap \mathcal{B}^1)^*)$ derart, daß

$$(A1.70) \qquad P(T_k - T_{k-1} > t | Z(T_{k-1}) = z) = e^{-\lambda(z)t}, \quad t \ge 0, z \in \mathcal{X}, k \in I\!N,$$

d.h. $T_k - T_{k-1}$ ist (bedingt) exponentialverteilt mit einem vom letzten "Zustand" $Z(T_{k-1}) = z$ abhängigen Parameter $\lambda(z)$, und es gilt

$$\lambda(z) = \lim_{h \downarrow 0} \frac{1}{h} P(Z(t + h) \ne z | Z(t) = z)$$

(unabhängig von $t \ge 0$)

c) $\{T_k - T_{k-1} | 1 \le k \le n\}$ sind bedingt unabhängig unter $\{Z(T_k)|0 \le k \le n\}$ mit der durch (A1.70) gegebenen bedingten Verteilung, d.h.

$$(A1.71) \qquad P(\bigcap_{k=1}^{n} \{T_k - T_{k-1} > t_k\} | Z(T_0) = z_0, \ldots, Z(T_k) = z_k) =$$

$^*)$ $A \cap \mathcal{B}^1$ bezeichne die Spur-σ-Algebra der Borel-Menge A in $\mathcal{B}^1$

$$= \prod_{k=1}^{n} P(T_k - T_{k-1} > t_k | Z(T_{k-1}) = z_{k-1}) = \exp(\sum_{k=1}^{n} -\lambda(z_{k-1})t_k)$$

$(n \in I\!N, t_1, \ldots, t_n > 0, z_0, \ldots, z_n \in \mathcal{X})$

d) Die Folge $\{Z(T_k)\}$ bildet eine homogene Markoff-Kette mit

$$P(Z(T_k) \in B | Z(T_{k-1}) = z) = \lim_{h \downarrow 0} \frac{P(Z(t+h) \in B | Z(t) = z)}{P(Z(t+h) \neq z | Z(t) = z)}$$

$(z \in \mathcal{X}, z \notin B, B \in \mathcal{B})$, unabhängig von $t \geq 0$.

Beweis: Siehe Breiman (1968), Abschnitte 15.5 und 15.6 (man beachte, daß die dortige Argumentation wegen der vorausgesetzten Regularität des Markoff-Prozesses unmittelbar auf beliebige Meßräume $(\mathcal{X}, \mathcal{B})$ übertragen werden kann).

Bemerkung: Ein homogener Markoff'scher Sprungprozeß kann also konstruiert werden durch Vorgabe einer homogenen Markoff-Kette $\{Z_k\}$ als möglicher Wertefolge des Prozesses sowie einer Folge von Sprungzeiten $\{T_k\}$, welche unter $Z_k = z_k, k \geq 0, z_k \in \mathcal{X}$ bedingt unabhängige und $\mathcal{E}(\lambda(z_k))$-verteilte Zuwächse besitzt mit $Z(T_k) = Z_k, k \geq 0$.

Beispiel A1.6. (Poisson-Prozeß)
Es sei $\{T_k\}$ eine Folge von Zufallsvariablen mit unabhängigen, $\mathcal{E}(\lambda)$-verteilten Zuwächsen $(\lambda > 0, T_0 = 0)$. Dann heißt der durch

$$(A1.72) \qquad Z(t) = \sum_{k=1}^{\infty} (k-1) I(T_{k-1} \leq t < T_k) \quad (t \geq 0)$$

definierte reguläre Markoff'sche Sprungprozeß *Poisson-Prozeß* mit Parameter λ. Dieser hat folgende Eigenschaften:

a) $P(Z(t) = n) = e^{-\lambda t} \frac{(\lambda t)^n}{n!} \quad (n, t \geq 0)$,
   d.h. $Z(t)$ ist Poisson-verteilt mit Parameter $\lambda t, t > 0$

b) $\{Z(t) | t \geq 0\}$ hat unabhängige, Poisson-verteilte Zuwächse, d.h. es gilt für alle monotonen Folgen $\{t_k\} \subseteq I\!R^+$: $\{Z(t_k) - Z(t_{k-1})\}$ ist eine unabhängige Folge mit

$$(A1.73) \qquad P(Z(t_k) - Z(t_{k-1}) = n) = P(Z(t_k - t_{k-1}) = n)$$

$$= e^{-\lambda(t_k - t_{k-1})} \frac{(\lambda(t_k - t_{k-1}))^n}{n!}, \quad n \geq 0, k \in I\!N$$

(vgl. die z.T. sehr ausführliche Literatur hierzu, etwa Çinlar (1975), Chapter 4, Ross (1983), Chapter 2, auch Gänssler/Stute (1977), Abschnitt 7.5, Bauer (1974), §68).

Bemerkung: Man kann sich einen Poisson-Prozeß zusammengesetzt denken aus einer Iteration gleichartiger homogener Bernoulli-Prozesse, die nach jedem erfolgten Sprung neu (und unabhängig von der Vergangenheit) auf dem jeweilig erreichten "Niveau" des Prozesses gestartet werden.

Die Sprungzeiten $\{T_k\}$ heißen auch Ankunftszeiten des Poisson-Prozesses, da dieser häufig zur Modellierung von Bedienungssystemen verwendet wird (vgl. z.B. Ross (1983)).

Beispiel A1.7. (Inhomogener Poisson-Prozeß)

Es sei $A : [0,\infty) \to [0,\infty)$ eine schwach monoton wachsende, stetige Funktion mit $\lim_{t \to \infty} A(t) = \infty$, und $\{Z(t)|t \geq 0\}$ ein homogener Poisson-Prozeß mit Parameter 1. Dann ist auch der durch

$$(A1.74) \qquad\qquad Z^*(t) = Z(A(t)), \quad t \geq 0$$

definierte Prozeß ein regulärer Markoff'scher Sprungprozeß. Dieser heißt (sofern A nichtlinear ist) inhomogener Poisson-Prozeß mit Zeittransformation $A(\cdot)$. Es gilt:

a) $P(Z^*(t) = n) = P(Z(A(t)) = n) = e^{-A(t)} \frac{A^n(t)}{n!}, \quad n, t \geq 0$

b) Die Ankunftszeiten (Sprungzeiten) $\{T_k^*\} = \{A^{-1}(T_k)\}$ bilden eine reguläre Markoff-Kette mit Übergangswahrscheinlichkeiten

$$P(T_k^* > y|T_{k-1}^* = x) = P(T_k > A(y)|T_{k-1} = A(x)) = \exp(-[A(y) - A(x)])$$

$(0 \leq x \leq y, k \in I\!N)^*$). Hierbei bezeichne A^{-1} die Pseudo-Inverse von A (vgl. Definition 1.2 und Çinlar (1975)).

c) $\{Z^*(t)|t \geq 0\}$ hat unabhängige, Poisson-verteilte Zuwächse mit

$$(A1.75) \qquad P(Z^*(t_k) - Z^*(t_{k-1}) = n) = P(Z(A(t_k) - A(t_{k-1})) = n)$$

---

*) vgl. auch die Ausführungen in der Bemerkung zu Beispiel A2.2

$$= e^{-[A(t_k)-A(t_{k-1})]}\frac{(A(t_k)-A(t_{k-1}))^n}{n!}, \quad n \geq 0, k \in I\!\!N,$$

wobei eine Poisson-Verteilung mit Parameter 0 mit der Dirac-Verteilung ε_0 zu identifizieren ist.

Bemerkung: Für $A(t) = \lambda t, t \geq 0$ läßt sich formal auch ein (homogener) Poisson-Prozeß mit Parameter $\lambda > 0$ unter das letzte Beispiel subsumieren.

Ist die Funktion $A(\cdot)$ sogar absolut-stetig, so nennt man die dann fast überall existierende Ableitung $A'(t) = \lambda(t), t \geq 0$ die Intensitätsfunktion des Poisson-Prozesses. Es gilt dann also

$$(A1.76) \qquad E(Z(t)) = A(t) = \int_0^t \lambda(s)ds, \quad t \geq 0.$$

Im Falle des homogenen Poisson-Prozesses mit Parameter λ ist also $\lambda(t) \equiv \lambda, t \geq 0$.

Beispiel A1.8. Es sei $a > 0$ und $\{V_k\}$ eine unabhängige Folge $\mathcal{R}(0,1)$-verteilter Zufallsvariablen. Dann wird durch

$$(A1.77) \qquad T_k^* = \frac{a}{\prod_{j=1}^k V_j}, \quad k \in I\!\!N$$

die Ankunftszeitenfolge eines inhomogenen Poisson-Prozesses mit Intensitätsfunktion $\lambda(t) = \frac{1}{t}I(t \geq a), t \geq 0$ bzw. Zeittransformation $A(t) = \int_a^t \frac{1}{s}ds = \log(\frac{t}{a})$ für $t \geq a$ und 0 für $0 \leq t \leq a$ definiert. Die Ankunftszeitenfolge dieses Poisson-Prozesses besitzt die Übergangswahrscheinlichkeiten

$$(A1.78) \qquad P(T_k^* > y|T_{k-1}^* = x) = \frac{x}{y}, \quad a \leq x \leq y, k \in I\!\!N.$$

Es ist nämlich

$$T_k = \log(\frac{T_k^*}{a}) = A(T_k^*) = \sum_{j=1}^k -\log V_j, \quad k \in I\!\!N$$

die Ankunftszeitenfolge eines homogenen Poisson-Prozesses mit Parameter 1, da $-\log V_j$ $\mathcal{E}(1)$-verteilt ist für alle $j \in I\!\!N$, also mit $A^{-1}(t) = a\,e^t, t > 0$ $T_k^* = A^{-1}(T_k), k \in I\!\!N$ tatsächlich Ankunftszeitenfolge eines inhomogenen Poisson-Prozesses mit der angegebenen Intensitätsfunktion ist. Beziehung (A1.78) ergibt sich damit aus Beispiel A1.7 b).

A2 Punktprozesse

Die Ausführungen in diesem Abschnitt sind im wesentlichen an Kallenberg (1986) orientiert; vgl. auch Karr (1986) und Resnick (1987), Chapter 3.

Definition A2.1. Es sei $(\mathcal{X}, \mathcal{B})$ ein polnischer Raum *) und $\mathcal{R}$ der Ring der relativkompakten (d.h. hier: beschränkten) Teilmengen von $\mathcal{B}$. Ein Maß μ auf $\mathcal{B}$ heißt Radon-Maß, wenn μ auf $\mathcal{R}$ endlich ist. Die Menge aller Radon-Maße auf $\mathcal{B}$ werde mit $\mathcal{M}$ bezeichnet.

M bezeichne die durch die sog. Evolutionsabbildungen

$$(A2.1) \qquad \tau_B : (\mathcal{M}, \mathrm{M}) \to (I\!\!R^+, I\!\!R^+ \cap \mathcal{B}^1) : \tau_B(\mu) \mapsto \mu(B) \quad (B \in \mathcal{B})$$

erzeugte σ-Algebra **) über $\mathcal{M}$.

Sei $(\Omega, \mathcal{A}, P)$ ein Wahrscheinlichkeitsraum. Eine (meßbare) Abbildung $\xi : (\Omega, \mathcal{A}, P) \to (\mathcal{M}, \mathrm{M})$ heißt zufälliges Maß (auf $\mathcal{B}$). Ist zusätzlich jede Realisation $\xi(\omega), \omega \in \Omega$ ein abzählendes Maß, d.h. gilt

$$(A2.2) \qquad \xi(B) \in \mathbb{Z}^+ \cup \{\infty\} \quad \text{für alle } B \in \mathcal{B},$$

so heißt ξ Punktprozeß (auf $\mathcal{B}$).

Das durch

$$(A2.3) \qquad (E\xi)(B) = E(\xi(B)), \quad B \in \mathcal{B}$$

definierte Maß $E\xi$ auf $\mathcal{B}$ (welches nicht notwendig in $\mathcal{M}$ liegt!) heißt Intensitätsmaß (zu dem zufälligen Maß ξ bzw. dem Punktprozeß ξ).

---

*) d.h. $\mathcal{X}$ ist ein lokalkompakter Hausdorff-Raum, der das zweite Abzählbarkeitsaxiom erfüllt (und damit metrisierbar ist); $\mathcal{B}$ ist die von der Topologie über $\mathcal{X}$ erzeugte Borel'sche σ-Algebra (vgl. Bauer (1974), Definition 41.2. und Kallenberg (1986), Appendix 15.6); Beispiel: $(I\!\!R^m, \mathcal{B}^m), m \in I\!\!N$

**) unter den hier getroffenen Voraussetzungen kann man sich dabei sogar auf die Mengen $B \in \mathcal{R}$ beschränken

Beispiel A2.1. Es sei $(\mathcal{X},\mathcal{B})$ ein polnischer Raum und $\{X_k|1 \le k \le n\}, n \in I\!N$ eine Familie von Zufallsvariablen auf $(\Omega, \mathcal{A}, P)$ mit Werten in $(\mathcal{X},\mathcal{B})$. Dann definiert

$$(A2.4) \qquad \xi = \sum_{k=1}^{n} \varepsilon_{X_k}$$

einen Punktprozeß.

Für jede Realisation $X_1(\omega),\ldots,X_n(\omega), \omega \in \Omega$ ist nämlich $\xi(\omega)$ ein endliches abzählendes Maß mit Trägerpunkten $\{X_k(\omega)|1 \le k \le n\}$.

Offensichtlich bildet allgemeiner auch

$$(A2.5) \qquad \xi = \sum_{k=1}^{\infty} \varepsilon_{X_k}$$

für eine Folge $\{X_n\}$ von Zufallsvariablen einen Punktprozeß im Sinne von Definition A2.1, wenn z.B. $\lim_{n\to\infty} \rho(X_1, X_n) = \infty$ gilt (mit einer die Topologie auf $\mathcal{X}$ erzeugenden Metrik ρ) , da dann in jeder beschränkten Borel-Menge B höchstens endlich viele der X_n liegen.

Bemerkung: Man kann Definition A2.1 auch noch dahingehend erweitern, daß für ein zufälliges Maß bzw. einen Punktprozeß ξ nur gefordert wird, daß die Realisationen von ξ fast sicher Radon-Maße sind. Mitunter reicht es dabei sogar, sich lediglich auf σ-endliche Maße zu beschränken, wenn man die entsprechenden ξ durch abzählbar viele (Radon'sche) zufällige Maße bzw. Punktprozesse zusammensetzen kann. In diesem Sinn bildet die in (A2.5) definierte Abbildung ξ etwa auch dann noch einen Punktprozeß, wenn alle (fast sicheren) Häufungspunkte der Folge $\{X_n\}$ isoliert sind. (Dies trifft z.B. dann nicht mehr zu, wenn die $\{X_n\}$ unabhängig und identisch verteilt sind mit einer Verteilung,deren Träger dicht in $\mathcal{X}$ liegt).

Beispiel A2.2. (Poisson'scher Punktprozeß)

Es sei $(\mathcal{X},\mathcal{B})$ ein polnischer Raum*), $B \in \mathcal{B}$ und μ ein Maß auf $\mathcal{B}$ mit $0 < \mu(B) < \infty$. Ferner sei N eine Poisson-verteilte Zufallsvariable mit $E(N) = \mu(B)$ und $\{X_n\}$ eine unabhängige

---

*) für das vorliegende Beispiel kann sogar ein beliebiger Meßraum $(\mathcal{X},\mathcal{B})$ gewählt werden (vgl. Kallenberg (1986), S. 17)

Folge identisch verteilter Zufallsvariablen mit Werten in $(\mathcal{X}, \mathcal{B})$, unabhängig von N mit Verteilung Q gegeben durch

$$(A2.6) \qquad Q(A) = \frac{\mu(A \cap B)}{\mu(B)}, \quad A \in \mathcal{B}.$$

Dann wird durch

$$(A2.7) \qquad \xi_B = \sum_{k=1}^{N} \varepsilon_{X_k} = \sum_{k=1}^{\infty} I(N \geq k)\varepsilon_{X_k}$$

ein Punktprozeß ξ_B auf B definiert (Poisson'scher Punktprozeß auf B). Dieser hat die folgenden Eigenschaften:

a) $\xi_B(A) = \xi_B(A \cap B)$ fast sicher für alle $A \in \mathcal{B}$, d.h. ξ_B ist fast sicher auf B konzentriert

b) Das Intensitätsmaß $E\xi_B$ ist gegeben durch

$$E\xi_B(A) = \sum_{k=1}^{\infty} E(I(N \geq k))E(\varepsilon_{X_k}(A))$$

$$= \sum_{k=1}^{\infty} P(N \geq k)P(X_k \in A) = E(N)Q(A) = \mu(A \cap B), \quad A \in \mathcal{B}$$

c) Für jede Menge $A \in \mathcal{B}$ ist $\xi_B(A)$ Poisson-verteilt mit Parameter $E\xi_B(A)$, d.h. es gilt

$$(A2.8) \qquad P(\xi_B(A) = n) = e^{-E\xi_B(A)}\frac{(E\xi_B(A))^n}{n!}, \quad n \in \mathbb{Z}^+$$

d) Der Punktprozeß ξ_B hat unabhängige Poisson-verteilte Zuwächse, d.h.:
   Für jede Folge paarweise disjunkter Mengen $\{A_k\} \subseteq \mathcal{B}$ gilt:
   $\{\xi_B(A_k)\}$ ist eine unabhängige Folge von Zufallsvariablen mit

$$(A2.9) \qquad P(\xi_B(A_k) = n) = e^{-E\xi_B(A_k)}\frac{(E\xi_B(A_k))^n}{n!}.$$

Für $\mu(B) = 0$ kann man analog $\xi_B \equiv 0$ setzen.

Damit läßt sich allgemeiner ein Poisson'scher Punktprozeß ξ mit σ-endlichem Intensitätsmaß $E\xi = \mu$ auf $\mathcal{B}$ wie folgt erhalten:

Ist $\{B_n\} \subseteq \mathcal{B}$ eine paarweise disjunkte Mengenfamilie mit $\mu(B_n) < \infty$, $n \in \mathbb{N}$, und sind ξ_{B_n} unabhängige Poisson'sche Punktprozesse auf B_n der obigen Art, so ist $\xi = \sum_{n=1}^{\infty} \xi_{B_n}$

wieder ein Punktprozeß mit den Eigenschaften c) und d) und Intensitätsmaß μ. Dieser heißt (allgemeiner) Poisson'scher Punktprozeß.

Insbesondere ist die Verteilung von ξ (als Maß auf M) eindeutig durch $\mu = E\xi$ bestimmt und unabhängig von der speziellen Wahl der Familie $\{B_n\}$.

<u>Bemerkung:</u> Ein Poisson'scher Punktprozeß kann als natürliche Verallgemeinerung des in Anhang A1 eingeführten Poisson-Prozesses angesehen werden. Mit den Bezeichnungen aus Beispiel A1.6 und A1.7 ist nämlich im Falle $(\mathcal{X}, \mathcal{B}) = (\mathbb{R}^1, \mathcal{B}^1)$ die Funktion $A(\cdot)$ eine maßerzeugende Funktion, d.h. es existiert ein σ-endliches, auf $\mathbb{R}^+$ konzentriertes Maß μ auf $\mathcal{B}^1$ derart, daß

$$(A2.10) \qquad A(t) = \mu((-\infty, t]) \quad (t \geq 0)$$

gilt. Ist nun ξ ein Poisson'scher Punktprozeß mit diesem Intensitätsmaß μ, so liefert

$$(A2.11) \qquad Z(t) = \xi((-\infty, t]) \quad (t \geq 0)$$

eine Version des Poisson-Prozesses mit Zeittransformation $A(\cdot)$ im Sinne von Beispiel A1.7. Man beachte dabei, daß sich Beispiel A1.7 c) aus Beispiel A2.2 d) ergibt, indem man $A_k = (t_{k-1}, t_k], k \in \mathbb{N}$ wählt.

Der Übergang von einem (Markoff'schen) Poisson-Prozeß zu einem Poisson'schen Punktprozeß ist also der Fortsetzung eines Prämaßes auf einem Mengen(halb)ring (z.B. den Intervallen des $\mathbb{R}^m$) zu einem Maß auf der davon erzeugten σ-Algebra vergleichbar.

Insbesondere bietet der Punktprozeß-Zugang eine einfache Möglichkeit, Poisson-Prozesse mit dem Zeitintervall $[0, \infty)$ o.ä. in natürlicher Weise auch auf z.B. ganz $\mathbb{R}$ auszudehnen. Hierzu braucht man in (A2.11) lediglich den Parameter t über ganz $\mathbb{R}$ variieren zu lassen, wobei dann μ ein beliebiges (σ-endliches) Maß auf $\mathcal{B}^1$ ist.

So kann etwa der in Beispiel A1.8 betrachtete Poisson-Prozeß auf den größeren Zeitbereich $(0, \infty)$ vermöge eines Poisson'schen Punktprozesses ξ mit (σ-endlichem) Intensitätsmaß mit der λ^1-Dichte $\lambda(s) = \frac{1}{s} I(s > 0), s \in \mathbb{R}$ fortgesetzt werden, indem man (A2.11) entsprechend anwendet.

Insbesondere Beispiel A1.7 b) läßt sich folgendermaßen verallgemeinern:

Ist $\{T_k^*\}$ eine (streng monotone) reguläre Markoff-Kette mit Übergangswahrscheinlichkeiten wie in Beispiel A1.7 b) und Anfangsverteilung $P(T_1^* > y) = exp(-A(y))$, $y \in$

$I\!R$, wobei jetzt $A(\cdot)$ eine beliebige, auf $I\!R$ stetige, schwach-monoton wachsende Funktion mit $\lim_{y\to-\infty} A(y) = 0, \lim_{y\to\infty} A(y) = \infty$ ist, so ist $\xi = \sum_{k=1}^{\infty} \varepsilon_{T_k^*}$ ein Poisson'scher Punktprozeß mit einem Intensitätsmaß der Form $E\xi((a,b]) = A(b) - A(a), \quad a < b$. Die $\{T_k^*\}$ heißen wieder Ankunftszeiten des Poisson-Prozesses. Umgekehrt ergibt die Folge der Ankunftszeiten eines solchen Poisson'schen Punktprozesses eine Markoff-Kette mit der angegebenen Struktur.

Die polnische Struktur des Meßraumes $(\mathcal{X}, \mathcal{B})$ kommt vor allem dann zum tragen, wenn die schwache Konvergenz (der Verteilungen) von zufälligen Maßen bzw. Punktprozessen betrachtet wird, d.h. die Konvergenz von $\int f(\xi_n)dP$ gegen $\int f(\xi)dP$ für zufällige Maße bzw. Punktprozesse $\{\xi_n, \xi\}$ für alle auf $\mathcal{M}$ stetigen, reellen, beschränkten Funktionen f. Hierzu muß die Menge $\mathcal{M}$ allerdings mit einer geeigneten Topologie versehen werden. Eine solche ist die vage Topologie; diese ist die gröbste Topologie auf $\mathcal{M}$, für die sämtliche Abbildungen

$$\mu \mapsto \int f d\mu \qquad (\mu \in \mathcal{M}, f \in \mathcal{K}(\mathcal{X}))$$

stetig sind, wobei $\mathcal{K}(\mathcal{X})$ die Menge aller auf $\mathcal{X}$ stetigen reellen Funktionen mit kompaktem Träger bezeichne (vgl. Bauer (1974), S. 221). Die vage Topologie erzeugt zugleich auch die σ-Algebra M über $\mathcal{M}$, wobei $(\mathcal{M}, M)$ selbst zu einem polnischen Raum wird (Kallenberg (1986), Satz 15.7.7.).

<u>Satz A2.1.</u> Unter den Voraussetzungen von Definition A2.1 seien $\xi_n, \xi, n \in I\!N$ zufällige Maße (bzw. Punktprozesse). Ferner bezeichne $\mathcal{R}_\xi = \{B \in \mathcal{R} | \xi(\partial B) = 0 \ \textit{fast sicher}\}$, wobei ∂B den Rand der Menge B bezeichne. Dann ist äquivalent:

a) $$P^{\xi_n} \to P^\xi \quad \text{schwach} \quad (n \to \infty)$$

b) $$P(\xi_n \in S) \to P(\xi \in S) \qquad (n \to \infty)$$

für alle $S \in M$ mit $P(\xi \in \partial S) = 0$

c) $\qquad P^{(\xi_n(A_1),\dots,\xi_n(A_k))} \to P^{(\xi(A_1),\dots,\xi(A_k))}$ schwach $\quad (n \to \infty)$

für alle $k \in I\!N, A_1, \dots, A_k \in \mathcal{R}_\xi$.

Beweis: siehe Kallenberg (1986), Theorem 4.2. und Satz 15.4.1.

Definition A2.2. Ein Punktprozeß ξ heißt fast sicher einfach, wenn fast sicher jede Realisation $\xi(\omega)$ die Form

$$(A2.12) \qquad \xi(\omega) = \sum_{k=1}^{n} \varepsilon_{x_k} \quad (\omega \in \Omega)$$

mit $n \in I\!N \cup \{\infty\}$ und $\{x_k\} \subseteq \mathcal{X}$ besitzt mit $x_i \neq x_j$ für $i \neq j$.

Beispielsweise sind Poisson'sche Punktprozesse, deren Intensitätsmaß absolut-stetig ist (d.h. welches eine Lebesgue-Dichte besitzt), einfach, wie man an der Konstruktion solcher Punktprozesse aus Beispiel A2.2 ersehen kann; dabei kann man sich sogar noch auf die Stetigkeit der zum Intensitätsmaß gehörigen maßerzeugenden Funktion beschränken.

Für solche (einfachen) Punktprozesse läßt sich eine hinreichende Bedingung für schwache Konvergenz wie folgt formulieren:

Satz A2.2. Es sei ρ eine die Topologie auf $\mathcal{X}$ induzierende Metrik und ξ ein fast sicher einfacher Punktprozeß. Ferner sei $\mathcal{I} \subseteq \mathcal{R}_\xi$ ein Halbring von Mengen mit der Eigenschaft: Zu jedem $B \in \mathcal{R}$ und $\varepsilon > 0$ existieren endlich viele Mengen $I_1, \dots, I_n \in \mathcal{I}$ mit $B \subseteq \bigcup_{j=1}^{n} I_j$ und $\delta(I_j) = \sup\{\rho(x,y)|x,y \in I_j\} < \varepsilon, 1 \leq j \leq n$. Dann sind die folgenden beiden Bedingungen hinreichend für die schwache Konvergenz einer Folge $\{\xi_n\}$ von (nicht notwendig fast sicher einfachen) Punktprozessen gegen ξ:

$$(A2.13) \qquad \lim_{n \to \infty} P(\xi_n(\bigcup_{i=1}^{k} I_i) = 0) = P(\xi(\bigcup_{i=1}^{k} I_i) = 0)$$

für alle $k \in I\!N, I_1, \dots, I_k \in \mathcal{I}$

$(A2.14)$

$$\limsup_{n\to\infty} E\xi_n(I) \le E\xi(I) < \infty$$

für alle $I \in \mathcal{I}$.

<u>Beweis:</u> siehe Kallenberg (1986), Theorem 4.7.

<u>Bemerkung:</u> Im Fall $(\mathcal{X},\mathcal{B}) = (I\!\!R^m, \mathcal{B}^m), m \in I\!\!N$ erfüllt der Halbring $\mathcal{I}$ der (z.B. links-offenen, rechts-abgeschlossenen) Intervalle die Voraussetzungen von Satz A2.2 für jeden fast sicher einfachen Punktprozeß ξ (vgl. Kallenberg (1986), S.11 und Lemma 4.3.). In diesem Fall sind also allein die Bedingungen (A2.13) und (A2.14) hinreichend für schwache Konvergenz.

Lemma A2.1. Besitzen unter den Voraussetzungen von Satz A2.2 die Punktprozesse $\{\xi_n, \xi\}$ sämtlich unabhängige Zuwächse, d.h. sind für jede paarweise disjunkte Familie von Mengen $\{A_i\} \subseteq \mathcal{B}$ die Zufallsvariablen $\{\xi_n(A_i)|i \in I\!\!N\}, \{\xi(A_i)|i \in I\!\!N\}$ unabhängig, so kann in Bedingung (A2.13) $k = 1$ gewählt werden.

<u>Beweis:</u> O.B.d.A. können die Vereinigungsmengen in (A2.13) als paarweise disjunkt ange-nommen werden. Unter Ausnutzung der Unabhängigkeit der Zuwächse der Punktprozesse lassen sich dann die in (A2.13) untersuchten Wahrscheinlichkeiten als Produkte der Form $\prod_{i=1}^n P(\xi_n(I_i) = 0)$ bzw. $\prod_{i=1}^n P(\xi(I_i) = 0)$ schreiben, womit das Lemma bewiesen ist.

<u>Bemerkung:</u> Sind die $\{\xi_n, \xi\}$ sämtlich (Radon'sche) Poisson'sche Punktprozesse, können die Bedingungen (A2.13) und (A2.14) sogar durch die alleinige Bedingung

$(A2.15)$

$$\lim_{n\to\infty} E\xi_n(I) = E\xi(I), \quad I \in \mathcal{I}$$

ersetzt werden, da hieraus sofort

$(A2.16)$

$$\lim_{n\to\infty} P(\xi_n(I) = 0) = \lim_{n\to\infty} e^{-E\xi_n(I)} = e^{-E\xi(I)} = P(\xi(I) = 0)$$

für alle $I \in \mathcal{I}$ folgt.

Nicht-Radon'sche Punktprozesse (etwa im Sinne der Bemerkung im Anschluß an Beispiel A2.1 oder Poisson'sche Punktprozesse mit nicht-endlichen, aber σ-endlichen Intensitätsmaßen) lassen sich dagegen nicht ohne weiteres unter den obigen schwachen Konvergenzbegriff subsumieren, da für die vage Topologie über der Menge der betrachteten Maße auf B die Integrierbarkeit der stetigen Funktionen auf $\mathcal{X}$ mit kompaktem Träger vorausgesetzt werden muß. Man kann in diesem Fall aber lokal-schwache Konvergenz betrachten:

Definition A2.3. Eine Folge $\{\xi_n\}$ von Punktprozessen (bzw. deren Verteilungen) heißt lokal-schwach konvergent gegen einen Punktprozess ξ (bzw. dessen Verteilung), wenn es eine disjunkte Zerlegung $\mathcal{X} = \bigcup_{k=1}^{\infty} B_k$ mit Mengen $\{B_k\} \subseteq B$ gibt derart, daß alle Punktprozesse $\xi_n(\cdot \cap B_k), \xi(\cdot \cap B_k)$ (fast sicher) Radon'sch sind und $\xi_n(\cdot \cap B_k)$ schwach gegen $\xi(\cdot \cap B_k)$ konvergiert für jedes $k \in I\!N$.

Bemerkung: Anstatt einer disjunkten Zerlegung von $\mathcal{X}$ in Mengen $\{B_k\}$ kann auch äquivalent eine isotone Approximation von $\mathcal{X}$ durch Mengen $\{B_k\}$ mit den angegebenen Eigenschaften gefordert werden, da durch Vereinigungs- bzw. Differenzmengenbildung die eine Situation in die andere und umgekehrt überführt werden kann.
In diesem Sinne konvergiert etwa die Folge der Poisson'schen Punktprozesse $\{\xi_n\}$ mit den Intensitätsmaßen

$$E\xi_n(A) = \int_{A\cap[n^{-1},\infty)} \frac{1}{s}\,ds \quad (A \in B^1, n \in I\!N)$$

lokal-schwach gegen den Poisson'schen Punktprozeß ξ mit dem Intensitätsmaß

$$E\xi(A) = \int_{A\cap(0,\infty)} \frac{1}{s}\,ds \quad (A \in B^1)$$

(etwa mit der Wahl $B_k = (-\infty, 0] \cup [\frac{1}{k}, \infty)$).

Für eine weitergehende Diskussion vgl. in diesem Zusammenhang auch Resnick (1987).

A3 BASIC–Programm "Extremwertanalyse"

Mit dem unten aufgeführten Programm lassen sich empirische Daten daraufhin überprüfen, ob sie (approximativ) einem der sechs möglichen Extremwertverteilungstypen mit Verteilungsfunktionen G_1, G_2, G_3 (für Maxima) bzw. H_1, H_2, H_3 (für Minima) entstammen.

Die Daten können dabei entweder aus einer (evtl. vorgegebenen) Datei WERTE.DAT eingelesen oder aber manuell (bis max. 1000 Werte) eingegeben werden. In jedem Fall bestehen die Optionen

– Sortieren der Daten nach Größe

– Sichern der (ggf. sortierten) Daten in der Datei WERTE.DAT

(MS-DOS-Format). Zur weiteren Ausführung des Programms müssen die Daten auf jeden Fall sortiert sein!

Das Programm berechnet gemäß den Ausführungen in §0 (S. 10–12) mit der Methode der kleinsten Quadrate die Konstanten a und b für die lineare Anpassung im entsprechend transformierten Koordinatensystem, die empirische Korrelation sowie den maximalen Abstand der empirischen zur geschätzten Verteilungsfunktion. Gegebenenfalls ist der gewünschte Parameter α der Verteilung zu spezifizieren (bei G_2, G_3, H_2, H_3). Fallen einige der Daten in den Bereich außerhalb des Trägers der geschätzten Verteilung, wird außerdem die Meldung "unzulässige Schätzung" ausgegeben.

Zusätzlich werden die Daten zusammen mit der geschätzten Regressionsgeraden graphisch dargestellt. Die Wiedergabe geschieht dabei so, daß die kleinste Beobachtung unten links und die größte oben rechts auf dem Bildschirm sichtbar ist. Die Daten sind zusätzlich auf der Abszisse graphisch markiert.

Bei den Fragen "Gewünschte Höhe der Ausgabe" bzw. "Gewünschte Breite der Ausgabe" ist die vorhandene Bildschirmgröße anzugeben (bei einem Bildschirm mit 200 mal 640 Rasterpunkten etwa "199" und "639").

Die Skalierung der Ordinate kann ebenfalls vorgewählt werden. Die 50%–Markierung ist dabei zur Orientierung deutlicher ausgeprägt.

Mit demselben Datensatz können verschiedene Anpassungen durchgeführt werden.

```
10 REM"Extremwertanalyse
20 CLS
30 KEY OFF
40 REM
50 REM"**************** Dateneingabe ******************"
60 REM
70 INPUT "Sollen Daten aus der Datei WERTE.DAT eingelesen werden (j/n)";A$
80 IF A$="j" THEN GOSUB 550
90 IF A$="j" THEN GOTO 210
100 PRINT "Manuelle Dateneingabe:  (max.  1000 Werte)"
110 DIM X(1000)
120 DIM Y(1000)
130 DIM H(1000)
140 FOR I=1 TO 1000
150 PRINT "x(";I;")=";
160 INPUT X(I)
170 INPUT "Ende der Eingabe (j/n)";B$
180 IF B$="j" THEN GOTO 200
190 NEXT I
200 N=I
210 INPUT "Sollen die Daten sortiert werden (j/n)";C$
220 IF C$="j" THEN GOSUB 680
230 INPUT"Sollen die Daten gesichert werden (j/n)";CC$
240 IF CC$="j" THEN GOSUB 850
250 CLS
260 PRINT "Ausgabe der sortierten Daten:"
270 PRINT
280 PRINT
290 FOR I=1 TO N
300 MM=(I+2) MOD 3
310 PRINT TAB(MM*26+1);"x(";I;")=";X(I);
320 NEXT I
330 REM
340 REM"************ Ausgabekonfiguration ****************"
350 REM
360 PRINT
370 PRINT
380 INPUT "Gewünschte Höhe der Ausgabe";HHE
```

```
390 INPUT "Gewünschte Breite der Ausgabe";BREITE
400 DIM YY(100)
410 INPUT "Gewünschte Skalierung (in % ; min.  1 (%),max.  50 (%))";SK
420 IF SK<1 OR SK>50 THEN GOTO 410
430 HN=INT(100/SK)
440 REM
450 REM"******** Spezifikation des Verteilungstyps **********"
460 INPUT "Verteilungstyp (G1, G2, G3, H1, H2, H3)";V$
470 IF V$="H1" THEN GOTO 920
480 IF V$="H2" THEN GOTO 1120
490 IF V$="H3" THEN GOTO 1320
500 IF V$="G1" THEN GOTO 1510
510 IF V$="G2" THEN GOTO 1700
520 IF V$="G3" THEN GOTO 1890
530 PRINT "Falsche Angabe.  Bitte wiederholen:"
540 GOTO 460
550 REM
560 REM"************ Dateneingabe aus Datei ******************"
570 REM
580 OPEN "WERTE.DAT" FOR INPUT AS #1
590 INPUT #1,N
600 DIM X(N)
610 DIM Y(N)
620 DIM H(N)
630 FOR I=1 TO N
640 INPUT #1,X(I)
650 NEXT I
660 CLOSE #1
670 RETURN
680 REM
690 REM"****************** Sortieren ********************"
700 REM
710 FOR K=1 TO N-1
720 MIN=X(K)
730 J=K
740 FOR I=K+1 TO N
750 IF X(I) >= MIN THEN GOTO 780
760 MIN=X(I)
```

```
770 J=I
780 NEXT I
790 SWAP X(K),X(J)
800 NEXT K
810 RETURN
820 REM
830 REM"*********** Speicherung der Eingabedaten ***************"
840 REM
850 OPEN "WERTE.DAT" FOR OUTPUT AS #1
860 WRITE #1,N
870 FOR I=1 TO N
880 WRITE #1,X(I)
890 NEXT I
900 CLOSE #1
910 RETURN
920 REM
930 REM"****************** H1 vorbereiten ********************"
940 REM
950 FOR I=1 TO N
960 Y(I)=LOG(-LOG(1-I/(N+1)))
970 NEXT I
980 FOR I=1 TO HN
990 IF I*SK<100 THEN YY(I)=LOG(-LOG(1-I*SK/100)) ELSE J=1
1000 NEXT I
1010 Y50=LOG(-LOG(.5))
1020 GOSUB 2090
1030 FOR I=1 TO N
1040 H(I)=1-EXP(-EXP(A*X(I)+B))
1050 NEXT I
1060 GOSUB 2320
1070 INPUT "Weiter (j/n)";VV$
1080 IF VV$="j" THEN GOTO 1100
1090 STOP
1100 SCREEN 0
1110 GOTO 2750
1120 REM
1130 REM"****************** H2 vorbereiten ********************"
1140 REM
```

```
1150 INPUT "Alpha=";ALPHA
1160 FOR I=1 TO N-1
1170 Y(I)=-(-LOG(1-I/N))^(-1/ALPHA)
1180 NEXT I
1190 Y(N)=0
1200 FOR I=1 TO HN
1210 IF I*SK<100 THEN YY(I)=-(-LOG(1-I*SK/100))^(-1/ALPHA) ELSE YY(I)=0
1220 NEXT I
1230 Y50=-(-LOG(.5))^(-1/ALPHA)
1240 GOSUB 2090
1250 IF A*X(N)+B>0 THEN GOTO 1300
1260 FOR I=1 TO N
1270 H(I)=1-EXP(-(-A*X(I)-B)^(-ALPHA))
1280 NEXT I
1290 GOTO 1060
1300 FLAG = 1
1310 GOTO 1060
1320 REM
1330 REM"****************** H3 vorbereiten *******************"
1340 REM
1350 INPUT "Alpha=";ALPHA
1360 FOR I=1 TO N
1370 Y(I)=(-LOG(1-I/(N+1)))^(1/ALPHA)
1380 NEXT I
1390 FOR I=1 TO HN
1400 IF I*SK<100 THEN YY(I)=(-LOG(1-I*SK/100))^(1/ALPHA) ELSE J=1
1410 NEXT I
1420 Y50=(-LOG(.5))^(1/ALPHA)
1430 GOSUB 2090
1440 IF A*X(1)+B<0 THEN GOTO 1490
1450 FOR I=1 TO N
1460 H(I)=1-EXP(-(A*X(I)+B)^ALPHA)
1470 NEXT I
1480 GOTO 1060
1490 FLAG = 1
1500 GOTO 1060
1510 REM
1520 REM"****************** G1 vorbereiten *******************"
```

```
1530 REM
1540 FOR I=1 TO N
1550 Y(I)=-LOG(-LOG(I/(N+1)))
1560 NEXT I
1570 FOR I=1 TO HN
1580 IF I*SK<100 THEN YY(I)=-LOG(-LOG(I*SK/100)) ELSE J=1
1590 NEXT I
1600 Y50=-LOG(-LOG(.5))
1610 GOSUB 2090
1620 FOR I=1 TO N
1630 H(I)=EXP(-EXP(-A*X(I)-B))
1640 NEXT I
1650 GOTO 1060
1660 NEXT I
1670 GOTO 1060
1680 FLAG = 1
1690 GOTO 1060
1700 REM
1710 REM"****************** G2 vorbereiten ********************"
1720 REM
1730 INPUT "Alpha=";ALPHA
1740 FOR I=1 TO N
1750 Y(I)=(-LOG(I/(N+1)))^(-1/ALPHA)
1760 NEXT I
1770 FOR I=1 TO HN
1780 IF I*SK<100 THEN YY(I)=(-LOG(I*SK/100))^(-1/ALPHA) ELSE J=1
1790 NEXT I
1800 Y50=(-LOG(.5))^(-1/ALPHA)
1810 GOSUB 2090
1820 IF A*X(1)+B < 0 THEN GOTO 1870
1830 FOR I=1 TO N
1840 H(I)=EXP(-(A*X(I)+B)^(-ALPHA))
1850 NEXT I
1860 GOTO 1060
1870 FLAG = 1
1880 GOTO 1060
1890 REM
1900 REM"****************** G3 vorbereiten ********************"
```

```
1910 REM
1920 INPUT "Alpha=";ALPHA
1930 FOR I=1 TO N-1
1940 Y(I)=-(-LOG(I/N))^(1/ALPHA)
1950 NEXT I
1960 Y(N)=0
1970 FOR I=1 TO HN
1980 IF I*SK<100 THEN YY(I)=-(-LOG(I*SK/100))^(1/ALPHA) ELSE YY(I)=0
1990 NEXT I
2000 Y50=-(-LOG(.5))^(1/ALPHA)
2010 GOSUB 2090
2020 IF A*X(N)+B>0 THEN GOTO 2070
2030 FOR I=1 TO N
2040 H(I)=EXP(-(-A*X(I)-B)^ALPHA)
2050 NEXT I
2060 GOTO 1060
2070 FLAG = 1
2080 GOTO 1060
2090 REM
2100 REM"************ Korrelationsberechnung *****************"
2110 REM
2120 SX=0
2130 SXX=0
2140 FOR I=1 TO N
2150 SX=SX+X(I)
2160 SXX=SXX+X(I)*X(I)
2170 NEXT I
2180 SY=0
2190 SYY=0
2200 SXY=0
2210 FOR I=1 TO N
2220 SY=SY+Y(I)
2230 SYY=SYY+Y(I)*Y(I)
2240 SXY=SXY+X(I)*Y(I)
2250 NEXT I
2260 DELTA=SX*SX-N*SXX
2270 A=(SX*SY-N*SXY)/DELTA
2280 B=(SX*SXY-SXX*SY)/DELTA
```

```
2290 GAMMA=SY*SY-N*SYY
2300 KORR=A*SQR(DELTA/GAMMA)
2310 RETURN
2320 REM
2330 REM"****************** Bildschirmausgabe ******************"
2340 REM
2350 SCREEN 2
2360 CLS
2370 IF ALPHA > 0 THEN PRINT"Alpha=";ALPHA
2380 ALPHA=0
2390 PRINT"a=";A
2400 PRINT"b=";B
2410 IF FLAG=1 THEN GOTO 2720
2420 GOSUB 2640
2430 PRINT"Max.  Abweichung:";S*100;"%"
2440 PRINT"Korrelation:";KORR
2450 PRINT
2460 LINE (0,HHE) - (BREITE,HHE)
2470 LINE (BREITE,HHE) - (BREITE,0)
2480 FOR I=1 TO HN-J
2490 YYI = HHE*(Y(N)-YY(I))/(Y(N)-Y(1))
2500 LINE (BREITE-5,YYI) - (BREITE,YYI)
2510 NEXT I
2520 J=0
2530 YY = HHE*(Y(N)-Y50)/(Y(N)-Y(1))
2540 LINE (BREITE-15,YY) - (BREITE,YY)
2550 FOR I=1 TO N
2560 XI = BREITE*(X(I)-X(1))/(X(N)-X(1))
2570 YI = HHE*(Y(N)-Y(I))/(Y(N)-Y(1))
2580 CIRCLE (XI,YI),2
2590 LINE (XI,HHE-5) - (XI,HHE)
2600 NEXT I
2610 CIRCLE (0,HHE),5
2620 LINE (0,HHE*(Y(N)-A*X(1)-B)/(Y(N)-Y(1)))
     - (BREITE,HHE*(Y(N)-A*X(N)-B)/(Y(N)-Y(1)))
2630 RETURN
2640 S=0
2650 FOR I=1 TO N
```

```
2660 D=ABS(I/N-H(I))
2670 E=ABS((I-1)/N-H(I))
2680 S=.5*(S+D+ABS(S-D))
2690 S=.5*(S+E+ABS(S-E))
2700 NEXT I
2710 GOTO 2740
2720 PRINT "Unzulässige Schätzung"
2730 FLAG=0
2740 RETURN
2750 REM
2760 REM"*************** Abbruch/Fortsetzung ******************"
2770 REM
2780 INPUT "Weitere Verteilungstypen (j/n)";W$
2790 IF W$<>"j" THEN GOTO 2810
2800 GOTO 410
2810 INPUT "Weitere Daten (j/n)";WWW$
2820 IF WWW$="j" THEN GOTO 10
2830 STOP
```

Literatur

M. Abramowitz und I.A. Stegun (1984): Pocketbook of Mathematical Functions. Harri Deutsch, Frankfurt.

B.C. Arnold, A. Becker, U. Gather und H. Zahedi (1984): On the Markov property of order statistics. J. Stat. Plann. Inf. 9, 147 - 154.

H. Bauer (1974): Wahrscheinlichkeitstheorie und Grundzüge der Maßtheorie. de Gruyter, Berlin.

R. Ballerini und S.I. Resnick (1985): Records from improving populations. J. Appl. Prob. 22, 487 - 502.

R. Ballerini und S.I. Resnick (1987 a): Records in the presence of a linear trend. Adv. Appl. Prob. 19, 801 - 828.

R. Ballerini und S.I. Resnick (1987 b): Embedding sequences of successive maxima in extremal processes, with applications. J. Appl. Prob. 24, 827 - 837.

P. Billingsley (1986): Probability and Measure. Wiley, N.Y.

N.H. Bingham, C.M. Goldie und J.L. Teugels (1987): Regular Variation. Camb. Univ. Press, Cambridge.

R. M. Biondini und M.M. Siddiqui (1975): Record values in Markov sequences. In: Statistical Inference and Related Topics, Bd. 2, Ac. Press, N.Y., 291 - 352.

L. Breiman (1968): Probability. Addison-Wesley, Reading, Mass.

F.T. Bruss (1984): Patterns of relative maxima in random permutations. Ann. Soc. Sci. Bruxelles 98 (I), 19 - 28.

F.T. Bruss (1988): Invariant record processes and applications to best choice modelling. Stoch. Proc. Appl. 30, 303 - 316.

K. N. Chandler (1952): The distribution and frequency of record values. J. Roy. Stat. Soc., Ser. B, 14, 220 - 228.

E. Çinlar (1975): Introduction to Stochastic Processes. Prentice-Hall, Englewood Cliffs, N.J.

P. Deheuvels (1981): The strong approximation of extremal processes. Z. Wahrsch. verw. Geb. 58, 1 - 6.

P. Deheuvels (1983 a): The strong approximation of extremal processes (II). Z. Wahrsch. verw. Geb. 62, 7 - 15.

P. Deheuvels (1983 b): The complete characterization of the upper and lower
    class of the record and inter-record times of an i.i.d. sequence.
    Z. Wahrsch. verw. Geb. 62, 1 - 6.

P. Deheuvels (1983 c): Point processes and multivariate extreme values.
    J. Multivar. Analysis 13, 257 - 272.

P. Deheuvels (1984 a): Strong approximation in extreme value theory and appli-
    cations. In: Colloquia Mathematica Societas János Bolyai 36: Limit theorems
    in Probability and Statistics (Veszprém, Ungarn 1982), Bd. 1, North Holland/
    Elsevier, 369 - 404.

P. Deheuvels (1984 b): On record times associated with kth extremes. In:
    Proceedings of the 3rd Pannonian Symp. on Math. Statistics, Visegrad,
    Ungarn 1982, Akadèmiai Kiadó, Budapest, 43 - 51.

P. Deheuvels (1985): Point processes and multivariate extreme values (II). In:
    Multivariate Analysis-VI, P.R. Krishnaiah, ed., Elsevier, 145 - 164.

P. Deheuvels (1988): Strong approximations of k-th records and k-th record times
    by Wiener processes. Probab. Th. Rel. Fields 77, 195 - 209.

P. Deheuvels and D. Pfeifer (1986 a): A semigroup approach to Poisson approxi-
    mation. Ann. Prob. 14, 663 - 676.

P. Deheuvels and D. Pfeifer (1986 b): Operator semigroups and Poisson convergence
    in selected metrics. Semigroup Forum 34, 203 - 224.

P. Deheuvels and D. Pfeifer (1987): Semigroups and Poisson approximation. In:
    New Perspectives in Theoretical and Applied Statistics, M.L. Puri,
    J.P. Vilaplana, W. Wertz. Eds., Wiley, N.Y., 439 - 448.

P. Deheuvels and D. Pfeifer (1988 a): Poisson approximations of multinomial
    distributions and point processes. J. Multivar. Anal. 25, 65 - 89.

P. Deheuvels and D. Pfeifer (1988 b): On a relationship between Uspensky's
    theorem and Poisson approximation. Ann. Inst. Stat. Math. 40, 671 - 681.

P. Deheuvels, D. Pfeifer und M.L. Puri (1989): A new semigroup technique in
    Poisson approximation. Semigroup Forum 38, 189 - 201.

P. Deheuvels, A. Karr, D. Pfeifer und R.J. Serfling (1988): Poisson approximations
    in selected metrics by coupling and semigroup methods with applications.
    J. Stat. Plann. Inf. 20, 1 - 22.

M. Dwass (1964): Extremal processes. Ann. Math. Statist. 35, 1718 - 1725.

E.B. Dynkin (1963): The optimal choice of the stopping moment for a Markov
    process. Dokl. Akad. Nauk. SSSR 150, 238 - 240.

M. Falk (1986): Rates of uniform convergence of extreme order statistics. Ann. Inst. Stat. Math. 38, 245 - 262.

M. Falk (1989): Best attainable rate of joint convergence of extremes. In: Extreme Value Theory, Proceedings, Oberwolfach 1987, J. Hüsler, R.-D. Reiß. Eds., Lecture Notes in Statistics 51, Springer, N.Y., 1 - 9.

R.A. Fisher und L.H.C. Tippett (1928): Limiting forms of the frequency distribution of the largest or smallest member of a sample. Proc. Camb. Phil. Soc. 24, 180 - 190.

M. Fréchet (1927): Sur la loi de probabilité de l'écart maximum. Ann. Soc. Math. Polon. 6, 93 - 116.

P. Gänssler und W. Stute (1977): Wahrscheinlichkeitstheorie. Springer, Berlin.

J. Galambos (1987): The Asymptotic Theory of Extreme Order Statistics (2nd. ed.). Krieger, N.Y.

J. Galambos und A. Obretenov (1987): Restricted domains of attraction of exp(-exp(-x)). Stoch. Proc. Appl. 25, 265 - 271.

U. Gather (1980): Ausreißermodelle und Tests auf Ausreißer. Med. Inform. u. Stat. 20, 27 - 34.

U. Gather (1985): The influence of outlier-proneness on the tail-behaviour of some location estimators. European Meeting of Statisticians, Marburg 1984. In: Stat. & Decisions Suppl. Iss. No. 2, 165 - 171.

U. Gather (1989a): On a characterization of the exponential distribution by properties of order statistics. Stat. Prob. Letters 7, 93 - 96.

U. Gather (1989b): Testing for multisource contamination in location/scale families. Comm. Stat. Th. Meth. 18, No. 1, 1 - 234.

U. Gather und L. Gajek (1989): Characterizations of the exponential distribution by failurerate- and moment properties of order statistics. In: Extreme Value Theory, Proceedings, Oberwolfach 1987, J. Hüsler, R.-D. Reiß, Eds., Lecture Notes in Statistics 51, Springer, 114 - 124.

U. Gather und B.K. Kale (1982): UMP-tests for r-upper outliers in samples from exponential families. In: Proceedings of the Indian Stat. Inst. Golden Jub. Int. Conf. on Statistics, Calcutta 1981: Applications and New Directions, 270 - 278.

U. Gather und R. Mathar (1983): Analysing the outlier-behaviour of non continuous distribution functions. J. Ind. Stat. Assoc. 21, 9 - 18.

U. Gather und D. Pfeifer (1987): A note on stability of maxima and records of an iid sequence. Pub. Inst. Stat. Univ. Paris XXXII, 71 - 79.

D.P. Gaver (1976): Random record models. J. Appl. Prob. 13, 538 - 547.

J. Gilbert und F. Mosteller (1966): Recognizing the maximum of a sequence. J. Amer. Stat. Assoc. 61, 35 - 73.

N. Glick (1978): Breaking records and breaking boards. Amer. Math. Monthly 85, 2 - 26.

B.V. Gnedenko (1943): Sur la distribution limite du terme maximum d'une série aléatoire. Ann. Math. 44, 423 - 453.

C.M. Goldie (1989): Records, permutations and greatest convex minorants. Erscheint in: Math. Proc. Camb. Phil. Soc.

C.M. Goldie und L.C.G. Rogers (1984): The k-record processes are independent. Z. Wahrsch. verw. Geb. 66, 197 - 211.

M.I. Gomes und D.D. Pestana (1987): Nonstandard domains of attraction and rates of convergence. In: New Perspectives in Theoretical and Applied Statistics, M.L. Puri, J.P. Vilaplana, W. Wertz, Eds., Wiley, N.Y., 467 - 477.

M.E. Graça Martins und D.D. Pestana (1987): Nonstable limit laws in extreme value theory. In: New Perspectives in Theoretical and Applied Statistics, M.L. Puri, J.P. Vilaplana, W. Wertz, Eds., Wiley, N.Y., 449 - 458.

E. J. Gumbel (1958): Statistics of Extremes. Columbia Univ. Press, N.Y.

A. Gut (1988): Limit theorems for record times and the associated counting process. Uppsala University Tech. Rept. No. 17, Dept. of Mathematics.

L. de Haan (1970): On Regular Variation and its Application to the Weak Convergence of Sample Extremes. Math. Center Tracts 32, Amsterdam.

L. de Haan und E. Verkade (1987): On extreme-value theory in the presence of a trend. J. Appl. Prob. 24, 62 - 76.

P. Hall (1979): The rate of convergence of normal extremes. J. Appl. Prob. 16, 433 - 439.

G. Haiman (1987): Almost sure asymptotic behavior of the record and record time sequences of a stationary time series. In: New Perspectives in Theoretical and Applied Statistics, M.L. Puri, J.P. Vilaplana, W. Wertz, Eds., Wiley, N.Y., 459 - 466.

J. Hüsler und R.-D. Reiß (Eds.) (1989): Extreme Value Theory. Proceedings, Oberwolfach 1987. Lecture Notes in Statistics 51, Springer, N.Y.

A. Janßen und R.-D. Reiß (1988): Comparison of location models of Weibull type samples and extreme value processes. Probab. Th. Rel. Fields 78, 273 - 292

O. Kallenberg (1983): Random Measures, Ac. Press, N.Y.

A.F. Karr (1986): Point Processes and their Statistical Inference. M. Dekker, N.Y.

R. Kemp (1984): Fundamentals of the Average Case Analysis of Particular Algorithms. Wiley-Teubner, N.Y. und Stuttgart.

D.E. Knuth (1973): The Art of Computer Programming. Vol. 1: Fundamental Algorithms. Addison-Wesley, Reading, Mass.

J. Lamperti (1964): On extreme order statistics. Ann. Math. Statist. 35, 1726 - 1737

M.R. Leadbetter (1974): On extreme values in stationary sequences. Z. Wahrsch. verw. Geb. 28, 289 - 303.

M.R. Leadbetter, G. Lindgren und H. Rootzén (1983): Extremes and Related Properties of Random Sequences and Processes. Springer, N.Y.

L. LeCam (1960): An approximation theorem for the Poisson binomial distribution Pacific J. Math. 10, 1181 - 1197.

R. Mathar (1981): Tail properties of a distribution function and the existence of moments in connection with outliers. Meth. Oper. Res. 44, 107 - 114.

R. Mathar (1984 a): The limit behaviour of the maximum of random variables with applications to outlier-resistance. J. Appl. Prob. 21, 646 - 650.

R. Mathar (1984 b): Some optimal procedures to detect outliers in multivariate data. Meth. Oper. Res. 52, 613 - 619.

R. Mathar (1985): Outlier-prone and outlier-resistant multidimensional distributions. Statistics 16, 451 - 456.

R. Mathar (1986): Outlying observations in multivariate samples. XI. Symp. on Operations Research, Darmstadt 1986. In: Meth. Oper. Res. 57, 225 - 231.

R. Mathar (1989): The outlier behaviour of distributions and the decay of power of optimal tests at decreasing level. Erscheint in: Statistics.

R. von Mises (1936): La distribution de la plus grande de n valeurs. Selected Papers II, Amer. Math. Soc., 271 - 294.

H.N. Nagaraja (1988): Record values and related statistics - a review. Comm. Stat. Th. Meth. 17, No. 7, 2223 - 2238.

V.B. Nevzorov (1986): Two characterizations using records. In: Stability Problems
for Stochastic Models, Lecture Notes in Mathematics 1233, 79 - 85.

V.B. Nevzorov (1988). Records. Th. Prob. Appl. 32, 201 - 228.

D. Pfeifer (1978): An application of record values to stochastic simulation.
2. Symposium über Operations Research, RWTH Aachen 1977. In: Meth. Oper.
Res. 29, 738 - 749.

D. Pfeifer (1981): Asymptotic expansions for the mean and variance of logarithmic
inter-record times. Meth. Oper. Res. 39, 113 - 121.

D. Pfeifer (1982 a): Characterizations of exponential distributions by independent
non-stationary record increments. J. Appl. Prob. 19, 127 - 135; 906.

D. Pfeifer (1982 b): The structure of elementary pure birth processes. J. Appl.
Prob. 19, 664 - 667.

D. Pfeifer (1983): On the recursive generation of Markov chains. In: Transactions
of the 9th Prague Conference on Information Theory, Statistical Decision
Functions and Random Processes, Prag 1982. Academia, 121 - 125.

D. Pfeifer (1984 a): Limit laws for inter-record times from non-homogeneous
record values. J. Org. Behav. Stat. 1, 335 - 340.

D. Pfeifer (1984 b): A note on random time changes of Markov chains.
Scand. Act. J., 127 - 129.

D. Pfeifer (1984 c): A note on moments of certain record statistics. Z. Wahrsch.
verw. Geb. 66, 293 - 296.

D. Pfeifer (1985 a): On the rate of convergence for some strong approximation
theorems in extremal statistics. European Meeting of Statisticians,
Marbung 1984. In: Stat. & Decisions Supp. Iss. No. 2, 99 - 103.

D. Pfeifer (1985 b): On a relationship between record values and Ross's model of
algorithm efficiency. Adv. Appl. Prob. 17, 470 - 471.

D. Pfeifer (1986): Extremal processes, record times and strong approximation.
Pub. Inst. Stat. Univ. Paris XXXI, 47 - 65.

D. Pfeifer (1987): On a joint strong approximation theorem for record and inter-
record times. Probab. Th. Rel. Fields 75, 213 - 221.

D. Pfeifer (1988): On a relationship between record times and record values of an
i.i.d. sequence. Workshop on Extremes of Random Processes in Applied
Probability, Santa Barbara 1987. In: Adv. Appl. Prob. 20, 12.

D. Pfeifer (1989): Extremal processes, secretary problems and the 1/e-law. Erscheint in J. Appl. Prob.

D. Pfeifer und Y.-S. Zhang (1989): A survey on strong approximation techniques in connection with records. In: Extreme Value Theory, Proceedings, Oberwolfach 1987, J. Hüsler, R.-D. Reiß, Eds., Lecture Notes in Statistics 51, Springer, N.Y., 50 - 58.

J. Pickands (1971): The two-dimensional Poisson process and extremal processes. J. Appl. Prob. 8, 745 - 756.

D. Pollard (1984): Convergence of Stochastic Processes. Springer, N.Y.

R.-D. Reiß (1989): Approximate Distributions of Order Statistics (with Applications to Nonparametric Statistics). Springer N.Y.

A. Rényi (1962): Théorie des éléments saillants d'une suite d'observations. Coll. Comb. Meth. in Probability Theory, Aarhus Univ., Dänemark.

S.I. Resnick (1987): Extreme Values, Regular Variation and Point Processes. Springer, N.Y.

S.M. Ross (1983): Stochastic Processes. Wiley, N.Y.

H. Rootzén (1988): Maxima and exceedances of stationary Markov chains. Adv. Appl. Prob. 20, 371 - 380.

R.W. Shorrock (1972): On record values and record times. J. Appl. Prob. 9, 316 - 326.

R.W. Shorrock (1973): Record values and inter-record times. J. Appl. Prob. 10, 543 - 555.

N.V. Smirnov (1952): Limit distributions for the terms of a variational series. Amer. Math. Soc. Transl. Ser. I, 11, 82 - 143.

R.L. Smith (1988): Extreme value theory for dependent sequences via the Stein-Chen method of Poisson approximation. Stoch. Proc. Appl. 30, 317 - 328.

J. Tiago de Oliveira (1962): Structure theory of bivariate extremes, extensions. Estudos de Math. Estat. e Econ. 7, 165 - 195.

J. Tiago de Oliveira (1975): Bivariate and multivariate extreme value distributions. In: Stat. Distributions in Scientific Work, G.P. Patil et al., eds., Reidel, Dordrecht, 355 - 361.

J. Tiago de Oliveira (1980): Bivariate extremes: Foundations and statistics. In: Multivariate Analysis-V, P. Krishnaiah, Ed., North-Holland, Amsterdam, 349 - 368.

H.-J. Witte (1988): Some characterizations of distributions based on the integrated Cauchy functional equation. Sankhya 50, Ser. A, 59 - 63.

M.C.K. Yang (1975): On the distribution of the inter-record times in an increasing population. J. Appl. Prob. 12, 148 - 154.

Y.-S. Zhang (1988): Starke Approximationen in der Extremwertstatistik. Dissertation, RWTH Aachen.

Symbolverzeichnis

$(\Omega, \mathcal{A}, P)$	Wahrscheinlichkeitsraum
P^X	Verteilung der Zufallsvariablen X
$E(X)$	Erwartungswert der Zufallsvariablen X
$Var(X)$	Varianz der Zufallsvariablen X
Φ	Verteilungsfunktion der Standard-Normalverteilung
$\mathcal{E}(\lambda)$	Exponentialverteilung mit Parameter λ
$\mathcal{R}(a,b)$	(stetige) Gleichverteilung über $[a,b]$
$B(n,p)$	Binomialverteilung mit Trefferwahrscheinlichkeit p
$\mathcal{P}(\lambda)$	Poisson-Verteilung mit Parameter λ
ε_x	Dirac-Verteilung im Punkt x
$I(A)$	Indikatorfunktion des Ereignisses A
$\Gamma(\alpha)$	Gamma-Funktion
$\mathcal{B}^m$	Borel'sche σ-Algebra über $\mathbb{R}^m$
λ^m	Lebesgue-Maß über $\mathcal{B}^m$
$\otimes$	Produktmaß
$*$	Faltung
$F_-(x)$	linksseitig-stetige Version der Verteilungsfunktion F(x)
ψ^{-1}	Pseudo-Inverse von ψ
$M_{k:n}$	k-te Ordnungsstatistik
M_n	Maximum von n Zufallsvariablen
m_n	Minimum von n Zufallsvariablen
$\mathcal{P}$	Potenzmenge
$\overset{\mathcal{D}}{=}$	Gleichheit in Verteilung
$\mathcal{D}(G), \mathcal{D}(H)$	Anziehungsbereiche von Extremwertverteilungen
x_L, x_R	linker/rechter Endpunkt einer Verteilung
$[\![x]\!]$	größte ganze Zahl n $\leq$ x
$]\![x[\![$	kleinste ganze Zahl n $\geq$ x
$\begin{bmatrix} n \\ k \end{bmatrix}$	Stirling-Zahlen
C	Euler-Konstante
$\sim$	asymptotisch gleich
O, o	Landau-Symbole
Σ_n	Permutationsgruppe der Zahlen $\{1,2,...,n\}$
$E\xi$	Intensitätsmaß des Punktprozesses ξ
τ_B	Evolutionsabbildung
∂B	Rand der Menge B
$\mathcal{K}(\mathcal{X})$	Menge der stetigen Funktionen auf $\mathcal{X}$ mit kompaktem Träger
$\|\cdot\|$	Norm
ℓ^∞	Banach-Raum der absolut-beschränkten Folgen
ℓ_2^∞	Banach-Raum der absolut-beschränkten Matrizen
ℓ_2^1	Banach-Raum der absolut-summierbaren Matrizen

Sachwortverzeichnis

Mathematische Methoden in der Technik

Band 1: **Törnig/Gipser/Kaspar, Numerische Lösung von partiellen Differentialgleichungen der Technik**
183 Seiten. DM 36,—

Band 2: **Dutter, Geostatistik**
159 Seiten. DM 34,—

Band 3: **Spellucci/Törnig, Eigenwertberechnung in den Ingenieurwissenschaften**
196 Seiten. DM 36,—

Band 4: **Buchberger/Kutzler/Feilmeier/Kratz/Kulisch/Rump, Rechnerorientierte Verfahren**
281 Seiten. DM 48,—

Band 5: **Babovsky/Beth/Neunzert/Schulz-Reese, Mathematische Methoden in der Systemtheorie: Fourieranalysis**
173 Seiten. DM 36,—

Band 8: **Weiß, Stochastische Modelle für Anwender**
192 Seiten. DM 36,—

Band 9: **Antes, Anwendungen der Methode der Randelemente in der Elastodynamik und der Fluiddynamik**
196 Seiten. DM 36,—

Band 10: **Vogt, Methoden der Statistischen Qualitätskontrolle**
295 Seiten. DM 48,—

In Vorbereitung

Band 6: **Krüger/Scheiba, Mathematische Methoden in der Systemtheorie: Stochastische Prozesse**

B. G. Teubner Stuttgart